Gabay sa Larynngectomee

The Laryngectomee Guide

Philippines Edition

Itzhak Brook MD

Pasasalamat:

Jacob S. Matubis, MD
Alredo Q.Y. Pontejos, Jr., MD
Jeannette M.S. Matsuo, MD
Christine Joy S. Arquiza, MD
Arsenio Claro A. Cabungcal, MD
Kathleen R. Fellizar-Lopez, MD
Cesar Vincent L. Villafuerte III, MD
Jennifer Angela B. Almelor-Alzaga, MD
Anna Lore G. Ignacio, MD
Emilio Raymund G. Claudio, MD
Anna Kristina M. Hernandez, MD
Carlo Victorio L. Garcia, MD
Pauleen M. De Grano, MD
Patricia Ann D. Uy, MD
Kevin Michael L. Mendoza, MD

DISCLAIMER : Si Dr Brook ay hindi isang eksperto sa otolaryngology at operasyon ng ulo at leeg.
Ang gabay na ito ay hindi isang kapalit para sa pangangalagang medikal ng mga propesyonal sa medikal

ISBN:978-1-67815-164-5

TALAAN NG NILALAMAN

THE LARYNGECTOMEE GUIDE

PAGPAPAKILALA
(Jacob Matubis, MD)

Ako ay isang doktor na naging laryngectomee noong 2008. Napag-alaman akong may laryngeal cancer (cancer sa larynx/voice box) noong 2006 at sumailalim ng radiation. Pagkaraan ng dalawang taon, bumalik ang aking cancer kaya inirekomenda ng aking mga doktor na tanggalin na ang aking voice box (total laryngectomy) upang matiyak ang pagpuksa ng cancer. May mga limang taon na mula ng aking operasyon, at sa kasalukuyan ay wala pang nakikitang pag-ulit na aking cancer.

Nang ako ay naging laryngectomee (isang tao na tinaggalan ng voice box), natanto ko ang napakalaking hamon na hinaharap ng mga katulad ko sa pag-aalaga sa kanilang sarili. Kailangang matuto ng mga pamamaraan sa pag-aalaga ng panghinga, ang mga side effects ng radiation at iba pang treatment, sa mga resulta ng operasyon, ang paghaharap sa kinabukasan, at mga isyung sikolohikal, sosyal, medical at dental. Nabatid ko rin ang hirap ng buhay bilang survivor ng cancer ng ulo at leeg. Itong uri ng cancer ay may dulot na mabigat na side effects sa pagkilos, pakikipag-komunika, pagkain at sosyal na interaction ng isang tao.

Nang ako ay unti-unting nakapag-adjust bilang isang laryngectomee, nabatid ko na ang mga solusyon sa mga problema ay di lamang nakabase sa medisina at siyensiya, kundi pati na rin sa ating karanasan at sa "trial at error". Hindi lahat na mabisa para sa isang tao ay mabisa para sa lahat, sapagkat ang ating medical history, anatomiya at personalidad ay magkakaiba, kaya't ang mga solusyon ay magkakaiba rin. Ngunit maraming pangkalahatang prinsipyo sa pag-aalaga ay nakakatulong sa maraming laryngectomees. Ako ay mapalad na natulungan ng aking mga doktor, speech at language pathologists, at mga kapwa kong laryngectomees, at ako ay natutong alagaan ang aking sarili para maharap ang mga hamon ng pang-arawaraw na pamumuhay.

Dahan-dahang ko rin nabatid na ang mga datihan na at mga bagong laryngectomees ay mapapaganda ang kanilang kalidad ng pamumuhay kapag natuto silang alagaan ang kanilang sarili. Dahil ditto, ako ay gumawa ng isang website (http:// dribrook.blogspot.com/) upang tulungan ang mga laryngectomees at iba pang taong may cancersa ulo at leeg. Itong website ay tumutugon sa medical, dental at sikolohikal na mga isyu at mayroong "links" para sa rescue breathing at ibang mga makabuluhang lektura.

Ang praktikal na gabay na ito ay nakabase sa aking website at nagdudulot ng mga kaalamang makakatulong sa mga laryngectomees at mga caregivers ukol sa sari-saring isyu. Itong gabay ay mayroong impormasyon ukol sa side effects ng radiation at chemotherapy, ang pamamaraan ng pagsasalita pagkatapos ma-laryngectomy, paano alagaan ang daanan ng paghinga, "tracheostoma", heat at moisture exchange filter, at ng voice prosthesis. Tinutugon din ang mga isyu sa pagkain at paglunok, paghinga, anesthesia, at ang paglalakbay ng isang laryngectomee.

Ito ay hindi dapat ituring na kapalit sa isang propesyonal na doktor, ngunit sana, ito ay makatulong sa mga laryngectomees at mga caregivers sa pagharap sa kanilang buhay at mga hamon nito.

KABANATA #1:
ANG PAGPAPATUNAY (DIAGNOSIS) NG LARYNGEAL CANCER
AT ANG GAMOTAN PARA DITO
(Jeannette M.S. Matsuo, MD)

Ang voice box or "larynx" (gawaan ng boses, sa lugar ng tinatawag na "Adam's apple" sa gitnang harap ng leeg) ay maaaring pagmulan ng cancer, ang tinatawag na "laryngeal cancer". Sa kalapit na bahagi (gilid at likod) ng larynx, ang entrada na kung saan dumadaan ang pagkain, ang tinatawag na "hypopharynx", ay posible din pagmulan ng "hypopharyngeal cancer". Magkalapit lang ang lugar na pinagmumulan ng laryngeal at hypopharyngeal cancers, kaya ang paraan ng paggagamot sa mga ito ay halos magkahalintulad din, at kadalasan ay kinakailangan operahan (laryngectomy procedure).
Ang laryngeal cancer ay nagsisimula kapag tumubo ang cancerous (malignant) cells sa larynx (voice box). Nasa loob ng voice box ang vocal cords, isang muscle na sa pamamagitan ng kanilang galaw (vibration) ay gumagawa ng boses. At ang boses na ito ay umaalingasaw sa lalamunan, bibig at ilong.
Ang larynx ay nahahati sa tatlong bahagi. (Fig 1)
GLOTTIS - panggitnang bahagi, kung saan nakapuwesto ang vocal cords
SUPRAGLOTTIS - ang bahagi sa ibabaw ng glottis
SUBGLOTTIS – ang bahagi sa ilalim ng glottis

Sa bahagi ng glottis ang pinakamadalas na pinagmumulan ng laryngeal cancer. Pumapangalawa ang supraglottis na bahagi, at pinaka madalang sa subglottis na bahagi.

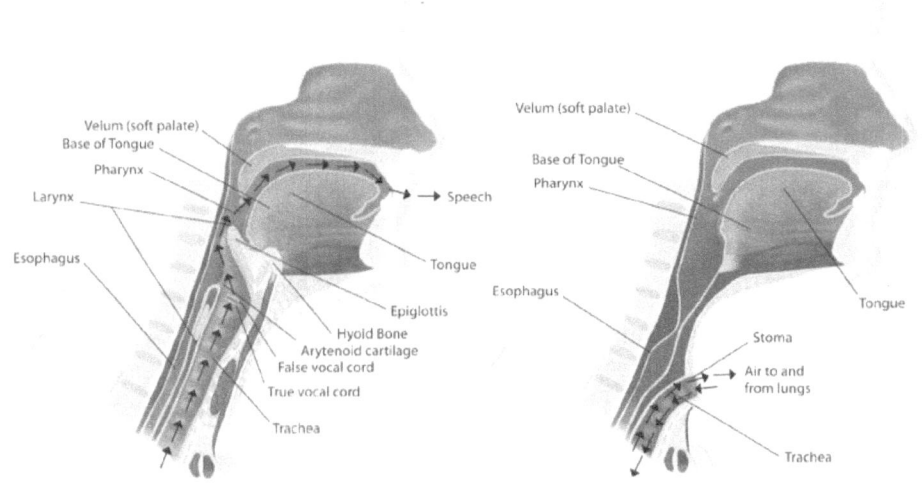

FIGURE 1. ANATOMY BEFORE AND AFTER LARYNGECTOMY

Ang mga cancer na ito ay kadalasan kumakalat sa paligid nila, at maapektuhan ang daanan ng hangin at pagkain. Kumakalat din ito sa mga kalapit na kulani (lymph nodes) sa leeg, at possible din kumalat sa dugo upang makarating sa alinman parte ng katawan, kadalasan sa baga at atay.

Sa lahat ng uri ng cancer na posibleng tumutubo sa larynx at hypopharynx, squamous cell carcinoma ang karamihan sa mga ito.

Sigarilyo at alak ang kadalasan sanhi ng cancer sa mga lugar na ito.
Ang human papilloma virus (HPV) ay isa din sanhi, pero mas madalas ito sa mga cancer sa oropharynx, ang bahagi sa likod ng bibig.

Sa Estados Unidos, sa isang pag aaral ng ginawa ng Surveillance Epidemiology and End Results (SEER) Cancer Statistics Review, tinataya na 12,250 mga tao ang napag-aalaman na may laryngeal cancer kada taon.
Pero ang dami ng mga pasyente na sumasailalim sa total laryngectomy (pagtanggal sa buong voice box) ay nabababawasan na, dahil madami ang umiiwas na sa paninigarilyo, at dahil na din sa mga pag unlad sa siyensiya at medisina, na hindi na kinakailangang tanggalin ang buong voice box.

Diagnosis (pagpapatunay ng karamdaman)

Mga simtomas at palatandaan ng laryngeal cancer:
- Abnormal, matinis na tunog ng paghinga
- Madalas na pag ubo, posibleng may kasamang dugo
- Hirap sa paglunok
- Pakiramdam ng may nakabara sa lalamunan
- Pamamaos o pamamalat nang mahigit dalawang linggo
- Kirot sa leeg o sa tainga
- Sakit sa lalamunan / sore throat na hindi gumagaling, kahit matapos uninom ng antibiotic
- Mga bukol na lumalabas sa leeg
- Pamamayat na hindi sinasadya

Ang mga simtomas ay maaaring maiba depende sa kung saan bahagi ng larynx tumutubo ang cancer.

Ang mga cancer sa glottis ay unang makakaramdam ng pamamalat na hindi na nawawala, at sa katagalan ay mauuwi sa hirap sa paglunok, kirot sa tainga at madalas na pag ubo na may kasamang dugo.

Ang mga cancer naman na nagmumula sa supraglottis ay unang makakaramdam ng hirap sa paghinga at mga bukol sa gilid ng leeg.
Samga cancer naman na nag uumpisa sa subglottis,tuluyang pamamalat at madaling hingalin ang mga unang nararamdaman.

Hindi madali ang pag-diagnose ng laryngeal cancer. Posible din kasi na infection lamang and dahilan ng mga nararamdaman dahil halos pareho din ang mga simtomas sa laryngeal cancer. Importante ang mabusising pagtatanong ng doktor sa mga nararamdaman ng pasyente at kumpletong eksaminasyon. Bukod dito, may mga kailangan din na laboratory testing para masiguro kung may laryngeal cancer o wala.

Ang mga laboratory testing na ito ay importante
   1. Upang mapatunayan kung may laryngeal cancer o wala
   2. Upang ma-monitor ang kilos ng cancer
   3. Upang ma-plano at mapag-alaman kung epektibo ang gamotan na ginagawa sa pasyente.

May mga pagkakataon din na kailangan ulitin ang mga laboratory tests lalo na kung may nagbago sa mga nararamdaman ng pasyente, kung hindi maganda o hindi sapat ang sample (biopsy) na nakuha sa pasyente, o kung gustong siguraduhin na ang mga resulta ay talagang tama.
Kasama sa mga laboratory testing na ito ay ang mga
   1. "imaging" studies gaya ng xray, CT scan, MRI scan, PET scan, ultrasound, barium swallow

2. Blood tests para sa iba ibang dahilan, kabilang ang genetic testing
3. Endoscopy / Laryngoscopy (pagsilip sa lalamunan, voice box, daanan ng hangin at pagkain) gamit ang isang uri ng "scope" na may camera at ilaw
4. Biopsy (pagkuha ng sample ng bukol) upang pag aralan kung anong uri ng bukol ang tumubo
5. Surgery (operasyon)

Matapos makumpleto ang lahat ng eksaminasyon at mga laboratory testing, malalaman na kung ano ang kahihinatnan ng pasyente (prognosis).
Ang kakayanan ng pasyente na malabanan ang cancer ay dedepende sa mga sumusunod

1. "Stage" ng cancer – kung gaano kalaki na ang cancer at kung saan na ito kumalat. Mas mataas na "stage" ay naghihiwatig na malaki at kalat na sa katawan ang cancer
2. "grade" of cancer – kung gaano ka-agresibo o ka-pangit ang cancer. May mga cancer na mas mabagal lumaki at kumalat kumpara sa iba
3. Kung saan bahagi tumubo ang cancer at gaano na kalaki ang bukol - importante ito para malaman kung kaya pang matanggal sa surgical operation ang cancer at ano ang magiging side effects nito sa katawan ng pasyente pagkatapos operahan
4. Ang edad, kasarian at kondisyon ng kalusugan ng pasyente – ang mas matatanda at ang mga marami nang ibang sakit sa katawan (gaya ng high blood pressure at diabetes) ay inaasahang mas mabagal gumaling, at mas mataas ang posibilidad ng mga komplikasyon pagkatapos ng operasyon

Ang gamotan ng mga pasyente na patuloy pa din sa pag-sigarilyo at pag-inom ng alak, ay hindi magiging kasing epektibo, at maaari pa silang tubuan ng cancer sa iba pang parte ng katawan.

Gamotan (treatment) ng laryngeal cancer

Ang mga maliliit pa lang na cancer (early stage), ay maaaring gamotin ng operasyon o di kaya ay ng radiation therapy. Ang radiation therapy ay isang non-surgical na alternatibo sa gamotan ng cancer. Ang mas detalyado na diskusyon tungkol sa radiation therapy as nasa mga susunod na kabanata.
Isa pang paraan ng gamotan ng laryngeal cancer ay ang pagbigay ng "targeted therapy". Ito ay non-surgical na paraan, na halos katulad, pero hindi kapareho, ng chemotherapy. Ito ay gamot na minsan ay tablets, minsan ay sa ugat dinadaan (I.V./intravenous)

Ang pinakamainam nagamotan (treatment) para sa pasyente ay dedepende sa kanyang kalahatang kalusugan, kung saan nagmula ang cancer, at ang stage ng cancer.
Iba ibang uri ng specialistang doktor ang kasama sa paggamot ng isang laryngeal cancer patient. Ang mga ito ay:
1. ENT (Ear, Nose, Throat) or ORL (Otorhinolaryngology) doktor /surgeon
2. Head and Neck Surgeons
3. Medical Oncology doktor (for chemotherapy and/or targeted therapy)
4. Radiation Oncology doktor (radiation therapy)

Kasama din ang
1. Reconstructive surgeons (depende kung kailangan)
2. Pain specialist (depende kung kailangan)
3. Dentista
4. Speech Pathology doktor
5. Oncology nurse
6. Dietitian/ nutritionist
7. Mental health counselor / psychologist

Ang gamotan na pinakamainam para sa pasyente ay dedepende sa
1. Stage ng cancer
2. ang location ng bukol, at gaanokalaki nito
3. kung gaano maaapektuhan ng treatment ang pagsasalita, paglunok at paghinga, at gaano kahalaga ang mga ito sa kalidad ng pamumuhay ng pasyente
4. kung ang cancer ay bumabalik

Kasama ang pasyente sa diskusyon kung anong gamotan ang pinakamainam para sa kanya. Pinag-uusapan ang mga inaasahang mangyayari habang sumsailalim sa gamotan, at ano ang posibilidad ng kanyang paggaling. Importante na pag isipan nang maigi ng pasyente ang magiging side effects ng gamotan sa kanyang pagsasalita, paglunok at pagkain, at ang side effects nito sa kanyang panlabas na kaayusan.

Ine-engganyo din ang pasyente na kumuha ng second opinion sa ibang specialist para sa ikapapanatag ng kanyang isip. Mahalaga na kasama ang pamilya o malapit na kaibigan sa mga diskusyon na ito, upang lalong maalalayan ang pasyente sa kanyang final na desisyon.

Ang suporta sa ibang aspeto ng gamotan gaya ng kirot, mga side effects ng gamotan, at ang side effects ng mga ito sa kanyang psychological na kalagayan ay dapat din pinag uusapan at ina-aksiyunan.

Ang mga sumusunod ay gabay na mga tanong kapag magko-konsulta sa specialista:
1. Gaano kalaki ang cancer, saan ito naka lugar, saan na ito kumalat? Ano ang stage ng cancer?
2. Ano ang mga posibleng gamotan (choices of treatment) na maaari kong pagpilian? Operasyon? Chemotherapy? Radiation therapy? Or lahat, kailangan?
3. Ano ang mga inaasahang side effects, mga masama at mabuting side effects ng bawat uri ng gamotan (treatment choice)?
4. Paano maiiwasan, o maaayos ang mga side effects?
5. Ano ang pagkakaiba sa boses ng bawat uri ng gamotan?

6. Gaano maaapektuhan ang aking paglunok, pag inom?
7. Anong mga paghahanda ang kailangan kong gawin para sa gamotan?
8. Gaano katagal ako mamamalagi sa ospital?
9. Mga magkano ang magagastos sa treatment? Makakatulong ba ang health insurance?
10. Ano ang mga iinaasahang side effects ng gamotan at ng cancer sa kalidad ng buhay, trabaho at pang araw araw na gawain?
11. Mainam bang sumali sa isang "research clinical trial"?
12. Maaari bang humingi ng pangalan ng iba pang magaling na specialista para sa second opinion?
13. Gaano kadalas, at gaano katagal ang mga follow up pagkatapos ng gamotan

KABANATA #2:
ANG OPERASYON: MGA URI NG LARYNGECTOMY, KALALABASAN, PAIN CONTROL AT SECOND OPINION
(Jeannette M.S. Matsuo, MD)

Mga uri ng laryngectomy
Ang operasyon (surgery) ay halos laging kasama sa gamotan ng laryngeal cancer. Sa maliliit na bukol, puwede din gamitin ang laser surgery.
Ang operasyon ay alinman sa dalawa

PARTIAL LARYNGECTOMY – pagtanggal ng ilang bahagi lang ng voice box na apektado ng cancer

TOTAL LARYNGECTOMY – pagtanggal sa buong voice box at sa mga iba pang nakapalibot dito, kadalasan kapag malaki na ang cancer

Kasama din tinatanggal ang mga kulani sa gilid ng leeg na pinagsususpetsahan na pinamumugaran na din ng cancer.
May mga pagkakataon na matapos tanggalin ang voice box, hindi maisara nang maayos ang sugat. Dito kinakailangan ng reconstructive surgeon na siyang gagawa ng paraan para maisara ang sugat. Kukuha ng muscle, laman at balat sa ibang parte ng katawan, na siyang gagamitin na pangtapal para maisara ang sugat.
Makaraan ang operasyon, bibilang ng ilang linggo, o mahigit pa, para magpagaling at magpalakas ang pasyente.

Mga inaasahang mararamdaman pagkatapos ng operasyon
- Pamamaga ng lalamunan at leeg
- Kirot kung saan inoperahan
- Pagod
- Mas madaming production ng plema
- Pagbabago sa anyo

- Pamamanhid, paninigas at panghihina ng mga kalamnan
- "tracheostomy" – butas sa leeg upang doon na papasok ang hangin sa paghinga

Aabot din ng ilang linggo ang ganitong mga pakiramdam. Kasama din dapat sa pag aalaga ng pasyente ang pain control. May mga gamot na maaaring ibigay para mabawasan itong mga side effects na mararanasan ng pasyente.

Maapektuhan ng operasyon ang pagsasalita, pagkain at paglunok. Mahalaga na alam at tanggap ito ng pasyente. Ito ay maaaring pansamantala lang, subalit possible din na permanente na side effects ng operasyon.

Sa mga pasyente na hindi na makakapag salita dahil mawawalan na ng boses (dahil tinanggal na ang voice box), kailangan may dala na silang gagamiting sulatan, tulad ng papel, maliit na board, cell phone or computer, para patuloy pa din na maiparating sa iba, ang kanilang mga saloobin.

Maaari din gumamit ng "electrolarynx", isang maliit na aparato na ginagamit para magkaroon ng boses.

Mga paghahanda para sa operasyon

Mahalaga bago ang operasyon na mapag usapan nang maayos ang mga inaasahang mangyayari sa operasyon, at ang mga pansamatala at pang-matagalan o permanenteng side effects nito.

Ang mga pasyente ay sasailalim sa matinding stress, pareho sa katawan (physical) at pag-iisip (mental) na kalagayan. Kaya malaking tulong na may suporta ng pamilya o kaibigan. Mas maganda kung ang kaanak ay kasama din sa mga konsultasyon sa mga doktor para maramdaman ng pasyente na hindi siya nag iisa sa pagharap ng krisis na ito. Huwag mahihiya magtanong at humingi ng karagdagang paliwanag kung may mga bagay na hindi naiintindihan. Mas maganda na ilista sa papel ang mga bagay na itatanong sa mga doktor para walang makaligtaan.

Bago sumailalim sa operasyon, kailangan din makipagkita sa ibang mga specialist para maihanda ang katawan sa lahat ng aspeto ng gamotan.

- Internal Medicine gaya ng mga specialista sa puso, baga, kidney at kung saan pa na may ibang sakit ang pasyente, para sa "clearance" for surgery, para maisaayos muna ang mga abnormal sa katawan, bago ang operasyon
- Anesthesiology – para mapag usapan ang mangyayari sa general anesthesia, at mga side effects o panganib na kaakibat nito
- Radiation Oncology – para sa radiation na kasama sa treatment plan
- Medical Oncology – para sa chemotherapy o targeted therapy na kasama sa treatment plan
- Dentist – para ihanda ang mga ngipin (na kailangan ay maayos) para sa radiation therapy
- Speech Pathologist – para sa "speech rehabilitation" para subukan kung maaaring manumbalik ang boses pagkatapos ng operasyon
- Social worker /mental health counselor – kung kailangan ng professional na taga payo
- Nutritionist – para masiguro na hindi magkukulang sa nutrisyon ang pasyente pagkatapos ng operasyon. Importante ang nutrisyon upang mas mapabilis ang paggaling at pagpapalakas

Maganda din kung maging kabilang sa isang support group, o grupo ng mga kapwa laryngeal cancer patients na sumailalim na sa gamotan, at mga kaanak nito, upang magsilbing gabay at tagapayo sa pasyente.

Paghingi ng second opinion

Ine-engganyo ang pasyente na kumunsulta sa dalawa o higit pa, na mga tunay na specialista sa laryngeal cancer, para mapag alaman kung pareho ang gamotan na nirerekomenda. Para din malaman kung may mga pagkakaiba sa opinion ng mga specialista para makatulong sa pag desisyon ng pasyente. Ang gamotan ng laryngeal cancer ay hindi biro. Kapag nagkamali, hindi na maaaring maibalik o maituwid pa, kaya mahalaga na tama ang gamotan na gagawin, pati na din ang pagkakasunod sunod at schedule ng gamotan.

Huwag mahiya sa unang doktor kung hihingi ng pangalan ng isa pang specialista. Hindi ito nangangahulugan ng kawalan ng tiwala sa opinion ng unang doktor.

Maging maayos sa pagsisinop ng mga resulta ng laboratory tests. Ipakita ang lahat ng ito sa mga doktor. Importante na maumpisahan kaagad ang gamotan. Pag usapan sa doktor kung may mga dahilan kung bakit hindi agad makakapagpagamot.

Pain management and control

Ang pakiramdam ng kirot ay iba iba depende sa pasyente. Pangkalahatan, kapag mas malaki ang operasyon, mas matindi ang kirot, at mas matagal.

Sa mga pasyente na kailangan ding tanggalin ang mga kulani sa gilid ng leeg, posible ding may matamaan na mga "nerves" kaya bukod sa kirot, may mararamdaman ding pangangalay, pamamanhid, pangingimay, at paninigas ng mga balikat at braso. Bukot sa mga gamot sa kirot na iniinom, kakailanganin din ng physical therapy at ehersisyo.

Sa mga pasyente na mas iniinda ang kirot, o mas matagal nang nakakaramdam ng kirot, maaaring mag konsulta sa pain specialista na doktor. May hiwalay na diskusyon on pain sa mga susunod na kabanata.

KABANATA #3:
MGA SIDE EFFECTS NG RADIATION THERAPY PARA SA CANCER NG ULO AT LEEG
(Cesar Vincent L. Villafuerte III, MD)

Kadalasang ginagamit ang*Radiation Therapy* (RT) sa panggagamot ng mga cancer sa ulo at leeg. Layunin ng RT ang pagpatay sa mga cancer cells. Dahil mas mabilis na dumadami at lumalaki ang mga cancer cells, mas lalong nasisira ng radiation ang mga ito kesa sa mga normal cells. Sa kabilang banda, bagamat maaaring masira ang mga normal cells ng RT, kadalasan naman ay nakakabawi sila at gumagaling muli ang mga ito.

Kapag inirekomenda ang RT, nag-aayos ang *radiation oncologist* ng plano (radiation planning) na naglalaan ng pangkalahatang dosis ng radiation na ibibigay, ang bilang ng mga session ng therapy, at ang schedule tuwing kelan ito ibibigay. Nakabatay ito sa uri at location ng tumor, sa kalagayan ng pasyente, at sa mga panggagamot na gagawin pa lang, o na nagawa na sa pasyente.

Ang mga side effects ng RT sa mga cancer sa ulo at leeg ay nahahati sa mga maagang side effects (*acute*) at mga pangmatagalang side effects (*chronic*). Ang mga maagang side effects ay nagaganap sa kurso ng therapy at sa panahon pagkatapos ng therapy (humigit-kumulang 2-3 linggo matapos makumpleto ang kurso ng RT). Ang mga pang matagalang side effects ay maaaring mangyari anumang oras pagkatapos ng RT, mula sa ilang linggo hanggang taon matapos ang therapy.

Kadalasang ginagambala ang mga pasyente ng mga maagang side effects ng RT, bagaman karaniwang malulutas ang mga ito sa paglipas ng panahon.Sa kabila nito, dahil ang pangmatagalang side effects ay maaaring mangailangan ng pag-aalagang pang habang buhay, mahalaga na malaman ang mga ito upang maiwasan sila o harapin ang kanilang mga kahihinatnan. Ang kaalaman sa mga side effects ng radiation ay importante upang maaga ito makilala, at mabigyan agad ng karampatang solusyon.

Ang mga pasyentena may cancer sa ulo at leeg ay dapat tumanggap ng pagpapayo tungkol sa kahalagahan ng pagtigil sa paninigarilyo. Ang paninigarilyo ang siyang pangunahing sanhi ng cancersa ulo at leeg, at ang masamang dulot nito ay lalo pang nadaragdagan ng pagkonsumo ng alak. Ang paninigarilyo ay nakaka-impluwensya din sa location ng cancerKapag ang paninigarilyo ay pinagpatuloy habang sumasailalim sa RT, at kahit pagkatapos ng RT, pinalalala nito ang mga side effects at pinapatagal ang paggaling ng pasyente. Lumalala ang panunuyo ng laway (dry mouth/xerostomia), at ikompromiso ang kalalabasan ng pasyente. Ang mga pasyenteng patuloy na naninigarilyo habang tumatanggap ng RT ay may mas mababa ang pagasa na mabuhay ng matagal, kaysa sa mga hindi naninigarilyo.

1. **Mga Maagang Side effects**

Kasama sa maagang side effects ay ang pamamaga ng lalamunan, masakit na paglunok, hirap sa paglunok, pamamalat, kawalan ng laway, kirot sa mukha, bibig, at lalamunan, pamamaga ng balat, pagduduwal, pagsusuka, at pagbaba ng timbang. And mga komplikasyon ay maaaring makagambala sa gamotan. Sa ilang antas, ang mga side effects na ito ay nangyyayari sa karamihan ng pasyente at kadalasan naman ay nawawala rin paglipas ng panahon. Ang kalubhaan ng mga side effectsna ito ay depende sa dami ng RT na tinanggap ng katawan, pamamaraan kung saan ibinibigay ito, location at pagkalat ng tumor, at pangkalahatang kalusugan at gawi ng pasyente. (hal. Patuloy na paninigarilyo, pagkonsumo ng alak).

Pinsala sa balat

Ang RT ay maaaring maging sanhi ng pinsala sa balat, na maaari pang palalain ng chemotherapy. Iminumungkahi naiwasan malantad sa mga potensyal na mga irritant ng kemikal, direktang init ng araw at hangin, at pagpahid sa balat ng mga lotion o ointment bago ang RT na maaaring magbago sa lalim ng penetrasyon ng radiation. Maraming mga produkto na puwedeng gamitin habang sumasailalim sa RT para mapanatiling malinis at protektado ang balat.

Tuyong bibig (Dry mouth/Xerostomia)

Ang pagkawala ng produksyon ng laway (o xerostomia) ay may kaugnayan sa RT dosis na ibinibigay, at gaano kalaking parte ng "salivary glands" ang natatamaan ng RT. Ang pag-inom ng sapat na inumin at pagmumumog ng mahinang solusyon ng asin at baking soda, ay nakakatulong para mapanatilingmalinis ang bibig, paluwagin ang makapal na plema, at magpakalma ng banayad na sakit. Ang artipisyal na laway at ang patuloy na pagbasa ng bibig gamit ang tubig, ay maaari ding maging kapaki-pakinabang.

Pagbabago sapanlasa

Ang RT ay maaaring magdulot ng mga pagbabago sa panlasa pati na rin ng kirot ng dila. Ang ganitong mga side effects ay nakaka apekto sa pagkain ng pasyente, kadalasan ay nawawalan ng gana o ayaw nang kumain. Ang mga side effects na ito ay unti-unti napapawi sa loon ng anim na buwan, bagaman may mga ibang pasyente na nagsasabing hindi na bumalik ang normal nilang panlasa.

Ang pamamaga ng oropharyngeal mucosa (mucositis)

Ang radiation, pati na rin ang chemotherapy, ay pumipinsala sa oropharyngeal mucosa (lining ng lalamunan), na nagreresulta sa "mucositis"(mga singaw at pananakit ng bibig) na unti-unting lumalaki, karaniwang dalawa hanggang tatlong linggo pagkatapos magsimula ng RT. Kung gaano kasama ang mucositis side effect ay depende sa uri ng RT, dami ng dosis at tagal ng RT na tinanggap ng pasyente. Ang chemotherapy ay maaaring magpalala sa kondisyon. Ang mucositis ay kadalasang makirot, at maka apekto sa pagkain at nutrisyon ng pasyente. Kasama sapag aalaga nito ay ang maayos na kalinisan sa bibig, pag adjust sa pagkain, at isang special na pang mumog (cocktail mouthwash) na kombinasyon ng anesthesia, antacid at anti-fungal na gamot. Dapat maiwasan ang maanghang, acidic, matalim, o mainit na pagkain, pati na rin ang lahat ng alak. Posibleng may pumatong pang pangalawang problema, ang infection sa bibig na sanhi ng bacteria, virus (gaya ng Herpes), at fungi (gaya ng Candida). Ang pagkontrol sakirot (gamit ang mga opiates o gabapentin) ay maaaring kailanganin.

Kapag Malala ang mucositis, maaaring itong humantong sa kakulangan sa nutrisyon ng pasyente. Ang mga nakakaranas ng mabilis na pagbagsak ng timbang o pabalik-balik na pagtatae ng tubig ay maaaring mangailangan ng "feeding assistance", gamit ang isang feeding tube, kung hindi man sa ilong idaan, ay deretsong ilalagay sa tiyan.

Orofacial pain (kirot sa mukha at bibig)

Ang orofacial pain ay karaniwan na sa mga pasyente na may cancer sa ulo at leeg na sumasailalim ng RT. Ang kirot na ito ay unti unting lumalala habang tuloy tuloy ang RT, at mararamdaman pa din hanggang 6 na buwan matapos ang RT. Ang sakit ay maaaring sanhi ng mucositis na pinalala ng kasabay na chemotherapy, at sa pamamagitan ng pinsala mula sa cancer, impeksiyon, pamamaga, at pagkakapilat dahil sa operasyon o iba pang paggamot. Kasama sapag control ng kirot ang paggamit ng analgesics at narcotics.

Pagduduwal at pagsusuka
Ang RT ay maaaring maging sanhi ng pagduduwal. Kapag nangyayari ito, ito ay karaniwang nangyayari mula sa dalawa hanggang anim na oras matapos ang isang session ng RT at sa pangkalahatan ay tumatagal ng halos dalawang oras. Ang pagduduwal ay maaaring o hindi maaaring sinamahan ng pagsusuka. Kasama sa pamamahala ang:

- Kumain ng maliliit, madalas na pagkain sa buong araw sa halip na tatlong malalaking pagkain. Ang pagduduwal ay madalas na mas malala kung ang tiyan ay walang laman.
- Ang pagkain nang dahan-dahan, ganap na ngumiti ang pagkain, at nananatiling lundo.
- Ang pagkain ng malamig na pagkain o temperatura ng kuwarto. Ang amoy ng mainit o mainit na pagkain ay maaaring magbuod ng pagduduwal.
- Pag-iwas sa mahirap na pagtunaw ng mga pagkain, tulad ng mga maanghang na pagkain o mga pagkain na mataas sa taba o sinamahan ng mga rich sauces.
- Resting pagkatapos kumain. Kapag nakahiga, ang ulo ay dapat na itaas ng mga 12 pulgada.
- Inumin na inumin at iba pang mga likido sa pagitan ng mga pagkain sa halip ng mga inumin na may mga pagkain.
- Pag-inom ng 6- 8 onsa baso ng fluid bawat araw upang maiwasan ang pag-aalis ng tubig. Ang mga maiinit na inumin, mga ice cubes, popsicles, o gelatin ay sapat.
- Ang pagkain ng higit pang pagkain sa isang oras ng araw kung ang isang tao ay hindi gaanong masusuka.
- Pag-alam sa tagapagbigay ng pangangalagang pangkalusugan ng isang tao bago ang bawat sesyon ng paggamot kapag ang isa ay nagpapatuloy ng pagsusuka.
- Pagtrato agad ng tuluy-tuloy na pagsusuka, dahil maaari itong maging sanhi ng pag-aalis ng tubig.
- Pangangasiwa ng gamot na pagdamot sa pagsusuka sa pamamagitan ng isang tagapagbigay ng pangangalagang pangkalusugan.

Ang patuloy na pagsusuka ay maaaring magresulta sa pagkawala ng malalaking katawan ng tubig at nutrients. Kung ang pagsusuka ay nagpatuloy ng higit sa tatlong beses sa isang araw at ang isa ay hindi uminom ng sapat na likido, maaaring humantong sa pag-aalis ng tubig. Ang kundisyong ito ay maaaring maging sanhi ng mga malubhang komplikasyon kung hindi makatiwalaan.

Ang mga palatandaan ng pag-aalis ng tubig ay kinabibilangan ng:
• Maliit na halaga ng ihi
• Madilim na ihi
• Mabilis na tibok ng puso
• Sakit ng ulo
• Flushed, tuyong balat
• Pinahiran na dila
• pagkakasala at pagkalito

Ang patuloy na pagsusuka ay maaaring mabawasan ang pagiging epektibo ng mga gamot. Kung patuloy ang patuloy na pagsusuka, ang RT ay maaaring pansamantalang tumigil. Ang mga likido ay ibinibigay sa intravenously na pagtulong sa katawan sa pagkuha ng mga sustansya at electrolytes.

Pagod (nakakapagod)
Ang pagkapagod ay isa sa mga pinaka-karaniwang epekto ng RT. Ang RT ay maaaring maging sanhi ng pagkapagod na pagkapagod (pagkapagod na nagdaragdag sa paglipas ng panahon). Ito ay karaniwang tumatagal ng tatlo hanggang apat na linggo pagkatapos tumigil ang paggamot, ngunit maaaring magpatuloy hanggang sa dalawa hanggang tatlong buwan.
Ang mga kadahilanan na nakakatulong sa pagkapagod ay anemya, pagbaba ng pagkain at paggamit ng likido, mga gamot, hypothyroidism, sakit, stress, depression, at kawalan ng tulog (hindi pagkakatulog) at pamamahinga.
Ang pahinga, konserbasyon ng enerhiya, at pagwawasto sa mga nag-aambag na mga salik sa itaas ay maaaring mapabuti ang pagkapagod.

Iba pang mga epekto

Kabilang dito ang trismus (Tingnan ang pahina 24) at mga problema sa pagdinig (Tingnan ang pahina 27).

2.   Mga Pangmatagalang Epekto

Ang mga huling epekto ng RT ay kinabibilangan ng permanenteng pagkawala ng laway, osteoradionecrosis, ototoxicity, fibrosis, lymphedema, hypothyroidism, at pinsala sa mga istrukturang leeg.

Permanenteng bibig pagkatuyo
Kahit na ang dry mouth (xerostomia) ay nagpapabuti sa karamihan ng mga tao sa oras, maaari itong maging matagal na pangmatagalang.
Kasama sa pamamahala ang salivary substitutes o artipisyal na laway at madalas na sips ng tubig. Ito ay maaaring humantong sa madalas na pag-ihi sa panahon ng gabi, lalo na sa mga lalaki na may prostatic hypertrophy at sa mga may maliit na bladders. Ang mga magagamit na paggamot ay kabilang ang mga gamot tulad ng salivary stimulants (sialagogues), pilocarpine, amifostine, cevimeline, at acupuncture.

Osteoradionecrosis ng panga
Ito ay isang potensyal na malubhang komplikasyon na maaaring mangailangan ng operasyon ng kirurhiko at muling pagtatayo. Depende sa lokasyon at lawak ng sugat, ang mga sintomas ay maaaring magsama ng sakit, masamang hininga, pagkahilo sa lasa (dysgeusia), "masamang pandamdam", pamamanhid (kawalan ng pakiramdam), trismus, paghihirap sa pagnguya at pagsasalita, pormasyon ng fistula, patolohiya patayan, at lokal , pagkalat, o sistematikong impeksiyon.
Ang panga buto (mandible) ay ang pinaka-madalas na apektado buto, lalo na sa mga itinuturing para sa nasopharyngeal cancer. Ang paglahok sa pinakamarami ay ang bihira dahil sa pagkakasundo ng sirkulasyon ng dugo na natatanggap nito.
Ang pagkuha ng ngipin at sakit ng ngipin sa mga lugar na sinanag ang mga pangunahing dahilan sa pagpapaunlad ng osteoradionecrosis. (Tingnan ang mga isyu sa ngipin, pahina 117) Sa ilang mga kaso kinakailangan upang alisin ang mga ngipin bago ang RT kung sila ay nasa lugar na tumatanggap ng radiation at masyadong mabulok upang mapanatili sa pamamagitan ng pagpuno o root canal. Ang isang hindi malusog na ngipin ay maaaring

magsilbing isang mapagkukunan ng impeksiyon sa panga, na maaaring maging mahirap na gamutin pagkatapos ng radiation.

Ang pag-ayos ng mga di-mapupuntahan at may sakit na ngipin bago ang RT ay maaaring mabawasan ang panganib ng komplikasyon na ito. Ang banayad na osteoradionecrosis ay maaaring konserbatibo na ginagamot sa debridement, antibiotics, at paminsan-minsan na ultratunog. Kapag ang nekrosis ay malawak, ang radikal na pagputol, na sinusundan ng microvascular reconstruction, ay kadalasang ginagamit.

Ang dental prophylaxis ay maaaring mabawasan ang problemang ito. (Tingnan ang mga isyu sa Dental, pahina 117) Ang mga espesyal na paggamot sa fluoride ay maaaring makatulong sa mga problema sa ngipin, kasama ang brushing, flossing, at regular na paglilinis ng isang dental hygienist.

Ang Hyperbaric oxygen therapy (HBO) ay madalas na ginagamit sa mga pasyente na may panganib o sa mga taong bumuo ng osteoradionecrosis ng panga. Gayunpaman, ang mga magagamit na data ay magkasalungat tungkol sa mga klinikal na benepisyo ng HBO para sa pag-iwas at therapy ng osteoradionecrosis. (Tingnan ang Heperbaric oxygen therapy, pahina 119)

Ang mga pasyente ay dapat na paalalahanan ang kanilang mga dentista tungkol sa kanilang RT bago ang pagkuha o pag-opera ng ngipin. Ang Osteoradionecrosis ay maaaring maiiwasan sa pamamagitan ng pangangasiwa ng isang serye ng HBO therapy bago at pagkatapos ng mga pamamaraan na ito.

Inirerekomenda ito kung ang kasangkapang ngipin ay nasa isang lugar na nalantad sa isang mataas na dosis ng radiation. Ang pagkonsulta sa radiation oncologist na naghahatid ng paggamot sa radyasyon ay maaaring makatulong sa pagtukoy ng lawak ng naunang pagkakalantad.

Fibrosis at trismus

Ang mga mataas na dosis ng radiation sa ulo at leeg ay maaaring magresulta sa fibrosis. Ang kondisyong ito ay maaaring mapalubha pagkatapos ng operasyon sa ulo at leeg kung saan ang leeg ay maaaring magkaroon ng isang makahoy na pakiramdam at may limitadong paggalaw. Hulihang pagsisimula ng fibrosis ay maaari ring maganap sa pharynx at esophagus at magdulot ng paghihigpit ng lalamunan, at mga problema sa temporomandibular joint.

Ang fibrosis ng mga kalamnan ng mastication ay maaaring humantong sa kawalan ng kakayahan upang buksan ang bibig (trismus o lockjaw), na maaaring lumala sa paglipas ng panahon. Karaniwan, ang pagkain ay nagiging mas mahirap, ngunit ang pagbibigkas ay hindi apektado. Pinipigilan ng Trismus ang wastong pangangalaga at paggamot sa bibig at maaaring maging sanhi ng mga kakulangan sa pagsasalita / paglunok. Ang kundisyong ito ay maaaring tumindi kung naoperahan bago ang radiation. Ang mga pasyente na malamang na magkaroon ng trismus ay ang mga may mga bukol ng nasopharynx, palate, at maxillary sinus. Ang radiation ng vascularized temporomandibular joint (TMJ) at mga kalamnan ng mastication ay madalas na humantong sa trismus. Ang talamak na trismus ay unti-unting humahantong sa fibrosis. Pinipigilan ng Trismus ang wastong pangangalaga at paggamot sa bibig at maaaring maging sanhi ng mga kakulangan sa pagsasalita / paglunok. Ang sapilitang pagbubukas ng bibig, mga ehersisyo sa panga at ang paggamit ng isang pabago na aparato ng pagbubukas (TherabiteTM) ay maaaring maging kapaki-pakinabang. Ang aparato na ito ay lalong ginagamit sa panahon ng radiation therapy bilang isang prophylactic na panukala upang maiwasan ang trismus.

Ang ehersisyo ay maaaring makpagbawas ang higpit ng leeg at makatulong sa pagdagdag sa paggalaw ng leeg. Ang isa ay kailangang magsagawa ng mga ehersisyo na ito sa buong buhay upang mapanatili ang mahusay na kadaliang pagkilos ng leeg. Lalo na ito ang kaso kung ang paghigpit ay dahil sa radiation. Ang pagtanggap ng paggamot sa pamamagitan ng pisikal na terapiya na maaari ring masira ang fibrosis ay lubos na kapaki-pakinabang. Mas maaga ang interbensyon, mas mabuti para sa pasyente. Ang isang bagong modality ng paggamot gamit ang laser ay magagamit din. Mayroong mga eksperto sa pisikal na therapy na dalubhasa sa pagbabawas ng pamamaga.

Ang Fibrosis sa ulo at leeg ay maaaring maging mas malawak sa mga may operasyon o karagdagang radiation. Ang fibrosis ng post radiation ay maaari ring kasangkot sa mga tisyu ng balat at subcutanous, na nagdudulot ng paghihirap at lymphedema.

Ang di epektibong paglunok dahil sa fibrosis ay madalas na nangangailangan ng pagbabago sa diyeta, pagpapalakas ng pharyngeal, o pagsasanay sa paglunok lalo na sa mga naoperahan at / o tumangap ng chemotherapy. Ang mga pagsasanay sa paglunok ay lalong ginagamit bilang isang pamamaraan na pumipigil nito. (Tingnan ang mga paghihirap sa pag-swall, pahina 91) Ang bahagyang o kabuuang pagiging mahigpit na oropharynx ay maaaring mangyari sa mga malubhang kaso.

Mga Problema sa pagpapagaling ng mga sugat
Ang ilang mga laryngectomees ay maaaring magpakita ng mga problema sa pagpapagaling ng sugat matapos ang operasyon, lalo na sa mga lugar na nakatanggap ng RT. Ang ilan ay maaaring bumuo ng isang fistula (isang abnormal na koneksyon sa pagitan ng loob ng lalamunan at balat). Ang mga sugat na pagalingin sa isang mas mabagal na tulin ay maaaring gamutin na may mga antibiotiko at mga pagbabago sa pananamit. (Tingnan ang Pharyngo-cutaneoius fistula, pahina 98)

Lymphedema
Ang abala ng balat ng lymphatics ay nagreresulta sa lymphedema. Ang makabuluhang pharyngeal o laryngeal edema ay maaaring makagambala sa paghinga at maaaring mangailangan ng pansamantala o pangmatagalang tracheostomy. Ang lymphedema, strictures, at iba pang mga dysfunctions ay nakakatulong sa mga pasyente sa pagnanais at ang pangangailangan para sa pagpapakain ng tubo. (Tingnan ang Lymphedema, pahina 37).

Hypothyroidism
Ang RT ay halos palaging nauugnay sa hypothyroidism. Ang insidente ay magkakaiba; ito ay nakadepende sa dosis at nagdaragdag sa oras mula noong ang RT. (Tingnan ang Low thyroid hormone at paggamot nito, pahina 105)

Neurological pinsala

MGA SIDE EFFECTS NG RADIATION THERAPY PARA SA CANCER NG ULO AT LEEG

Ang RT sa leeg ay maaari ring makaapekto sa spinal cord, na nagreresulta sa isang self-limited transverse myelitis, na kilala bilang "Lhermitte sign". Ang pasyente ay nakatala ng electric shock-like sensation na karamihan ay nadama sa leeg na baluktot (flexion). Ang kundisyong ito ay bihirang umuunlad sa isang tunay na nakahalang na myelitis na nauugnay sa Brown-Séquard syndrome (Ang pagkawala ng pandamdam at paggalaw ng motor na dulot ng lateral cutting ng spinal cord).

Maaari ring maging sanhi ng RT ang paligid ng nervous system na dysfunction na nagreresulta mula sa panlabas na compressive fibrosis ng malambot na mga tisyu at nagbawas ng supply ng dugo na dulot ng fibrosis. Ang sakit, pagkawala ng pandama, at kahinaan ay ang pinaka karaniwang sinusunod na mga klinikal na tampok ng paligid na nervous system na dysfunction. Ang Autonomic Dysfunction na may resultant na orthostatic hypotension (isang abnormal na pagbaba ng presyon ng dugo kapag ang isang tao ay tumayo) at iba pang mga hindi normal na paraan ay makikita din.

Pinsala sa tainga (ototoxicity)

Ang radiation sa tainga ay maaaring magresulta sa serous otitis (otitis na may pagbubuhos). Ang mataas na dosis ng pag-iilaw ay maaaring maging sanhi at pagkawala ng pagdinig ng pandinig (pinsala sa panloob na tainga, pandinig ng nerbiyo, o utak).

Pagkasira sa mga istrukturang leeg

Ang edema ng leeg at fibrosis ay karaniwan pagkatapos ng RT. Sa paglipas ng panahon ang edema ay maaaring tumigas, na humahantong sa paninigas ng leeg. Ang pinsala ay maaaring kabilang ang pagpapaliit ng carotid arterya (stenosis) at stroke, carotid artery rupture, oropharyngo-cutaneous fistula (ang huling dalawang ay kaugnay din sa operasyon), at carotid artery baroreceptors na pinsala na humahantong sa permanenteng at proxysmal (biglaang at paulit-ulit) na hypertension.

Karotid artery narrowing (stenosis): Ang carotid arteries sa blood supply ng leeg sa utak. Ang radiation sa leeg ay nauugnay sa stenosis ng carotid artery o narrowing, na kumakatawan sa isang malaking panganib para sa mga pasyente ng kanser sa ulo at leeg, kabilang ang maraming mga laryngectomees.

Maaaring masuri ang stenosis sa pamamagitan ng ultrasound at angiography. Mahalaga na masuri ang carotid stenosis nang maaga, bago mangyari ang isang stroke.

Kasama sa paggamot ang pagtanggal ng pagbara (endarterectomy), paglalagay ng stent (isang maliit na aparato na inilagay sa loob ng arterya upang mapalawak ito) o isang prosteyt na carotid bypass grafting.

Ang hypertension dahil sa pinsala ng baroreceptors: Ang radiation sa ulo at leeg ay maaaring makapinsala sa mga baroreceptor na matatagpuan sa carotid artery. Ang mga baroreceptors (presyon ng presyon ng dugo) ay tumutulong sa pag-aayos ng presyon ng dugo sa pamamagitan ng pagtuklas ng presyon ng dugo na dumadaloy sa pamamagitan ng mga ito, at pagpapadala ng mga mensahe sa central nervous system upang taasan o bawasan ang peripheral vascular resistance at cardiac output. Ang ilang mga indibidwal na itinuturing na may radiation bumuo ng labile o paroxysmal Alta-presyon.

Labile na Alta-presyon: Sa ganitong kalagayan ang presyon ng dugo ay nagbabago nang higit pa kaysa karaniwan sa araw. Maaari itong mabilis na magtaas mula sa mababa (hal., 120/80 mm Hg) hanggang mataas (hal., 170/105 mm Hg). Sa maraming mga pagkakataon ang mga pagbabago na ito ay walang katulad ngunit maaaring nauugnay sa pananakit ng ulo. Ang relasyon sa pagitan ng elevation ng presyon ng dugo at ng stress o emosyonal na pagkabalisa ay karaniwang naroroon.

Paroxysmal hypertension: Ang mga pasyente ay nagpapakita ng biglaang elevation
ng presyon ng dugo (na maaaring mas malaki kaysa sa 200/110 mm Hg) na nauugnay sa isang biglaang simula ng malubhang pisikal na sintomas, tulad ng sakit ng ulo, sakit sa dibdib, pagkahilo, pagduduwal, palpitations, flushing, at pagpapawis. Ang mga episode ay maaaring tumagal ng 10 minuto hanggang sa ilang oras at maaaring mangyari isang beses bawat ilang buwan sa isang beses o dalawang beses araw-araw. Sa pagitan ng mga episode, ang presyon ng dugo ay normal o maaaring maging banayad na mataas. Ang mga pasyente sa pangkalahatan ay hindi makikilala ang halatang sikolohikal na mga

kadahilanan na nagdudulot ng mga paroxysms. Ang mga medikal na kondisyon na maaaring maging sanhi ng naturang swings ng presyon ng dugo ay kailangang maibukod (hal., Pheochromocytoma).

Ang parehong mga kondisyon ay malubhang at dapat tratuhin. Ang pamamahala ay maaaring maging mahirap at dapat gawin ng mga may karanasan na mga espesyalista.

Ang karagdagang impormasyon tungkol sa mga komplikasyon ng RT ay matatagpuan sa National Cancer Institute Web site sa:

http://www.cancer.gov/cancertopics/pdq/supportivecare/oralcomplications/Patient/page5

KABANATA #4:
MGA SIDE EFFECT NG CHEMOTHERAPY PARA SA CANCER SA ULO AT LEEG
(Christine Arquiza, MD)

Chemotherapy para sa cancer sa ulo at leeg ay ginagamit bilang pangsuportang pangangalaga (supportive care) para sa mga pasyente na may kalat na ng cancer sa ibang parte ng katawan (metastasis) o sa pabalik-balik na cancer (recurrence). Ang pagpili ng paraan ng paggamot ng cancer ay depende sa mga dati nang ginamit na gamot at sa hangarin na mapanatili ang kalusugan ng ibang parte ng katawan. Kasama sa supportive care ang pag-iwas sa impeksyon at ang pagpapanatili ng sapat na nutrisyon.

Ang mga chemotherapy agents/drugsnabinibigayay maaaring solong drug o combination drugs, kasabay ng mabuting supportive care. Chemotherapy ay ibinibigay kada "cycle", depende sapalitan ng gamot at pagpahinga ng pasyente sa mga side effects ng chemotherapy. Ang paggamot ay maaaring tumagal ng ilang buwan, o mas matagal pa.
Isang website na nakalista lahat ng gamot ng chemotherapy at ang kanilang side effects ay mahahanap sa: http://www.tirgan.com/chemolst.htm
Ang gamot ng chemotherapy ay karaniwang ibinigay sa ugat (I.V./intravenous), kaya ang side effects ay ramdam sa buong katawan sa pamamagitan ng paghinto sa pagdami ng mga cancer cells.

Ang chemotherapy ay maaaring ibigay kasabay ng radiation/RT (chemoradiation), o di kaya una sa surgery o RT (neo-adjuvant), o pagkatapos ng surgery o RT (adjuvant).

Adjuvant chemotherapy ay kadalasang ibinibigay para pababain ang posibilidad ng pagbalik ng cancer (cancer recurrence), at para habulin (at patayin) ang mga cancer cells na kumalat na sa ibang parte ng katawan

Neoadjuvant chemotherapy ay minsan nire-rekomenda bago ang surgery, sa layuning mapaliit ang bukol sa pag-asang matanggal lahat ng cancer sa surgery.

Chemotherapy na isinasagawa bago ang chemoradiation, ay tinatawag na induction chemotherapy.

Side effects ng chemotherapy

Mga uri at tipo ng mga posibleng side effects ng chemotherapy ay depende sapasyente. May mga ilan na nakakaranas ng matinding side effects, habang ang iba naman ay hindi masyado. Ang side effects ay pinakamalala kapag chemoradiation ang tinatanggap (sabay na RT at chemotherapy).

Ang side effectsay depende din sakung anong chemotherapeutic agent/drug ang ginamit. Dahil hindi lang cancer cells ang pinapatay ng chemotherapy, kundi maging normal cells, kaya nakakaramdam ng side effects sa iba ibang parte ng katawan, kadalasan sa tiyan/bituka, buto, buhok. Kaya nakakaramdam ng hilo, panghihina dahil sa anemia, pagsusuka, pagtatae, mga singaw sa bibig at lalamunan, paglalagas ng buhok, pamamanhid ng mga braso at binti, damage sa kidneys, panghihina ng pandinig, infection. Ang doctor ng chemotherapy ay ang medical oncologist, na siyang mamamahala sa pasyente at aayusin ang side effects. Posible din kailanganin ang tulong ng iba pang specialista, depende sa magiging problemang dulot ng chemotherapy.

Ang pinaka-karaniwang masamang side effects ay kinabibilangan ng:

Pagbaba ng panlaban sa impeksyon

Kadalasan side effect ng chemotherapy ay ang pagbaba ng produksyon ng "white blood cells/WBC" sa dugo, ang tinatawag na "neutropenia", na nagpapababa sa immune system ng isang pasyente, kaya mas madaling kapitan ng impeksiyon kumpara sa mga normal ang WBC. Ang neutropenia ay kadalasan nangyayari 7 to 14 na araw matapos ang chemotherapy. Sa panahong ito, ang katawan ay gumagawa ng paraan para mapanumbalik ang normal WBC produksyon. Pansamantala, ang doctor ang nagmo monitor sa WBC status ng pasyente. Lagnat ang kadalasang unang palatandaan ng neutropenia. Hanggang hindi bumabalik sa ayos o normal ang WBC status ng pasyente, hindi siya puwede sumailalim sa next cycle of chemotherapy.

Paglabas ng mga pasa o pagdurugo

Isa sa mga side effects din ng chemotherapy ay ang pagbagsak ng produksyon ng "platelets", na importante sa normal blood clotting ng katawan. Dahil bumababa ang platelets, mas madaling magdugo ang pasyente. Kadalasang mararamdaman ay pagdugo ng ilong at paglabas ng mga pasa sa katawan. Kung kinakailangan, sasalinan ng platelets blood ang pasyente para maayos ito, at maibigay ang susunod na cycle ng chemotherapy.

Anemia

Posible din apektuhan ng chemotherapy ang produksyon ng "red blood cells/RBC". Ang kondisyon na ito ang tinatawag na "anemia". Panghihina at madaling paghingal ang kadalasan mararamdaman ng pasyenteng may anemia. Kapag malala na ang anemia, sinasalinan ng RBC blood ang pasyente, o di kaya ay binibigyan ng gamot na nagsusulong ng produksyon ng RBC.

Pag kalbo

May ilang mga chemotherapy na gamot na nakaka apekto sa pagtubo ng buhok, kaya nakakalbo ang pasyente bilang side effect. Sa panahon na ito, maaaring magsuot ng peluka, sombrero o bandana ang pasyente kung gusto niya. Ang buhok ay inaasahang mag umpisang tumubo muli sa loob ng 3 to 6 na buwan matapos ang huling cycle of chemotherapy.

Namamagang bibig at singaw

Ang ilang mga chemotherapy na gamot (lalo na ang methotrexate at fluorouracil) ay sanhi ng pamamaga ng loob ng bibig at lalamunan, at paglabas ng mga singaw. Ang mga ganitong kondisyon ay makaka apekto sa pagkain at nutrisyon ng pasyente.
Kasama din sa mga ibang side effects ay pagdugo mula sa mga singaw, pagtatae, paninikmura, pagsusuka, pagkahilo, at pagiging sensitibo sa mga pagkain, lalo na sa mga maalat, maanghang, mainit/malamig.
Kasama sa mg gamot na binibigay upang malabanan ang mga side effects na ito ay mga gamot kontra sa pagsusuka. Nagrerekomenda din ng mga special mouthwash para mabawasan ang mga problema dulot ng singaw.
Importante mapanatili ng pasyente ang sapat na nutrisyon sa katawan. May mga special na food formula maaaring inumin na puno ng nutrisyon. Mainam din na may konsultasyon sa isang "nutritionist" or "dietician".

Ang pinagsabay na chemotherapy at radiation (chemoradiation) ang tinuturing na may pinakamalala na side effects, kaya importanteng alam ng pasyente at mga caregivers niya ang mga aabangan na kondisyon.

Pagkahapo (pagod)

Ang chemotherapy ay nagdudulot din ng pagkakahapo ng pasyente. Depende din ito sa iba pang mga kondisyon ng pasyente sa kanyang kalusugan.
Ang mga gamot tulad ng vincristine, vinblastine, at cisplatin ay kadalasang nagdudulot ng pagkahapo.
Ang mga dahilan na nakakadagdag sa pagod ng pasyente ay ang anemia, kakulangan sa pagkain at tubig sa katawan, side effect ng ibang mga gamot, "hypothyroidism", kirot, stress, depresyon, at kawalan ng tulog (hindi pagkakatulog) at iba pa.

Importanteng may sapat na pahinga ang pasyente, umiwas sa mga gawain at sitwasyon na nakakapagod, at ayusin ang mga iba pang dahilan na nagdudulot ng hapo sa pasyente.

Iba pang impormasyon ay matatagpuan sa National Cancer Institute Web site sa:
http://www.cancer.gov/cancertopics/pdq/supportivecare/
oralcomplications/patient/page5

KABANATA #5:
PAMAMANAS, PAMAMAGA AT PAMAMANHID PAGKATAPOS NG RADIATION AT OPERASYON
(Anna Kristina Hernandez, MD)

Pamamanas

May natural nadaluyan ang tubigmulasakalamnanpaikotsakatawan, ang tinatawag na "lymphatic system". Ito ang nagbibigaydaan para umikot ang mga*cells*na may kinalamansaresistensiyasabuongkatawan.

Ang pamamanas ay ang pagkaipon ng tubig at pamamaga ng lamandahilsapagbabara ng *lymphatic system*. Ito ay pangkaraniwangkomplikasyon ng radiation at operasyonsamgacancer ng ulo at leeg. Ito ay ang hindi normal napagkaipon ng tubignahitiksaprotinasapagitan ng mga *cells,* nanagdudulot ng pamamaga at pagpeklat ng mgaapektadonglaman.

Ang radiation ay nagdudulot ng peklat,nanagigingbalakidsatamangdaloy ng *lymphatic system*. Ang mgakulani (lymph nodes) ay bahagi ng *lymphatic system* at karaniwangtinatanggalkasama ng bukolsaoperasyon. Kapagtinatanggal angmgakulani, kasama ring inaalis ang daluyan ng *lymphatic system* at ilangmgaugat (*nerves*). Nagdudulotito ng mas matagalnapagdaloy ng *lymphatic system* samgalugarnaito, nanagreresultasapamamaga. Maikukumparaitosapagbahamatapos ang malakasna pag-ulan. Dahilsabaradongkanalsakalye, ang operasyon ay nagdudulot ng pagkaipon ng maramingtubigmulasa *lymphatic system* nahindikayangdumaloynangmabilis, patinapamamanhid ng mgabahagingnatanggalan ng ugat (karaniwansaleeg, baba, at likod ng tainga). Dahil dito, ang ibangtubig ay hindinakakabaliksasirkulasyon ng katawan at naiiponlamangsamgalaman ng leeg.

May dalawanguri ng pamamanasnamaaaringmaranasan ng mgapasyentena may cancersaulo at leeg: ang panlabasnapag-umbok ng balat o laman at ang panloobnapamamaga ng lalamunan. Ang pamamanas ay nagsisimula nangmabagal,ngunitmaaaringlumala, hindikaraniwangmasakitperomaaaringmagdulot ng pagbigat at pagkirot, at maaaringmagdulot ng pagbabagosabalat.

Ang pamamanas ay may iba'tibangantas:
Stage 0:walangnakikita o nakakapangpamamanas
Stage 1: Pamumuo ng pamamanasnahitiksaprotina, paglubog ng balatkapagpinipindot, nawawalakapagitinataas ang bahagingnamanas
Stage 2: Progresibongpaglubog ng balatkapagpinipindot, pagtigas ng kalamnan
Stage 3: Hindi napaglubog ng balatkapagpinipindot, labisnapagtigas ng kalamnan, pagbabagosabalat

Ang pamamanassaulo at leeg ay maaaringmagdulot ng limitasyonsa kilos ng tao, gaya ng:
- Hirapsapaghinga
- Panlalabo ng paningin
- Limitasyonsapagkilos (limitadong kilos ng leeg, paninikip ng panga o dibdib)
- Pamamanhid
- Problemasapananalita, boses, o paglunok (hindimakagamit ng electrolarynx, pagkautal, paglalaway, pagkalaglag ng pagkaingnginunguya)
- Problemangemosyonal (depresyon, pagkabagot, pagkahiya)

Sa paglipas ng panahon, nakahahanap ang *lymphatic system* ng bagonglagusan ng tubig at ang pamamaga ay dahan-dahangnababawasan. Ang mgaspesyalistasapagbabawas ng manas (karaniwan ay mga *Physical Therapist*) ay maaaringmakatulongsapasyentesapagbabawa ng manas at pagpapaiklisatagal ng manassapamamagitan ng mgapuwesto at ehersisyo.

41

Ang mgagawaingito ay maaari ring makatulongupangmaiwasan ang permanentengumbok, pamamagaopaninigas ng laman.

Ang mga**lunas**sapamamanas ay:
- Masahe (mukha at leeg, malalimna *lymphatic system*, katawan, saloob ng bibig)
- Masikipnabenda at medyas (*Compressive*)
- Ehersisyo
- Pangangalagasabalat
- Kinesiotape o elastic tape
- Rehabilitasyon
- Gamotpampaihi (*Diuretics*), Operasyon (Pagbabawas ng laman), *Liposuction* (pagtanggal ng taba), *Compression Pumps*, o pag-angat ng leeg mas mataassakatawan ay hindimgaepektibongparaan kung gagawin paisa-isa

Ang pagsikip ng leeg at pamamagadahilsapamamanas ay umaayosnaman sapaglipas ng panahon. Nakatutulong ang pagtulognang mas mataas ang ulosakatawandahilsanakatutulong ang puwersa ng *"gravity"* sapagdaloy ng *lymphatic system*. Maaaringmasahihin ang balatnangmarahanupangpadaluyin ang naipongtubigpabaliksamgaugat ng dugo. Ang exercise at pagkilos ay importanterinsapagtulongsapagdaloy ng tubig.

Ang masikipnabenda at medyas ay maaaringisuotsabahay. Nagbibigayito ng kauntingdiinsamgaapektadongbahagiupangmakatulongsapagusad ng naipongtubig at iwasan ang pagbalik at pag-iponnangmgaito. May iba't-ibangparaan ng paglagay ng benda para mapaganda ang pakiramdam ng pasyente at maiwasan ang komplikasyonmulasalabisnadiinsaleeg.

May mgaehersisyonamaaaringmakabawassapaninikip ng leeg at mapaganda ang kilos nito. Kailanganggawin ang mgaehersisyongitonang regular para mapanatili ang magandangpagkilos ng leeg. Ito ay mas nakakatulongsamgapasyentengnakararanas ng paninigas ng leegdahilsaradiation. Mas mainam ang mas maagangpagsisimula ng lunas.

Ang isangmakabagongparaan ng pagbabawas ng pamamanas, peklat at paninigas ng kalamnan ay ang external laser. Ito ay ang paggamitng laser namay mababangenerhiyanaginagamitsamgalamanupangbaguhin ang metabolism ng mga cells salamangito. Maaariitongmakabawassapamamanas at makagandasa kilos ng leeg at ulo. Ito ay hindimasakit, at ginagawalamangsapamamagitan ng paglapat ng instrumento saiba't-ibangbahagi ng leegsaloob ng 10 segundo.

May mgaspesyalista ng Physical Therapy samgakomunidadnamaalamsapagpapa-impis ng umbok at pamamaga. Kumonsultasainyosurgeonupangmalaman kung magandangtreatmentang physical therapy para sainyongpamamanas.

Maaaringtingnan ang website naito para samgapanuto kung paanomaaaringmagbigay ng masahesasarilinamakatutulongsapamamanas: http://www.aurorahealthcare.org/FYWB_pdfs/x23169.pdf.

Pamamanhid ng balatpagkatapos ng operasyon

Ang mgakulani ay tinatanggalkasabay ng mgabukolnacancer. Kapagtinanggal ngsurgeon ang mgakulaningito, inaalis din nila ang mgaugatnanagbibigay ng pakiramdamsabalatsa baba ng mukha at leeg. Maaariitongmagdulot ng pamamanhidsabahagingito. Maaaringmagbalik ang pakiramdamsamgabahagingito, ilangbuwanmatapos ang operasyon, ngunit may ibangmgabahaginamaaaringmanatilingpermanentengmanhid. Maramingtao ang nasasanaynasapamamanhid at nakakayanangpanatilihingligtas ang balatmulasamatatalasnabagay, init, o lamig. Natututunan ng mgalalaking mag-ahitnanghindinasusugatan ang balat.

PAMAMANAS, PAMAMAGA AT PAMAMANHID PAGKATAPOS NG RADIATION AT OPERASYON

Ang manhidnabalat ay dapatproteksyunanmulasa pagkasunog dahilsaaraw,sapamamagitan ng paglagay ng *sunblock* o sapagtatakip ng bahagingito.

KABANTA #6:
MGA PARAAN NG PAGSASALITA PAGKATAPOS NG TOTAL LARYNGECTOMY (PAGTANGGAL NG LARYNX/VOICE BOX)
(Carlo Vitorio Garia, MD)

Bagaman ang taong natanggalan ng larynx("laryngectomee", sumailalim ng total laryngectomy operation) ay hindi na maaaring makapagsalita nang normal, may mga paraan pa rin para sila ay makipag-usap. Nakalathala sa ibaba ang tatlong paraan kung paano patuloy na makakapagsalita ang karamihan sa mga naoperahan.

Ang isang normal na indibidwal ay nakakapagsalita sa pamamagitan ng pag-"exhale" ng hangin mula sa baga para gumalaw ang mga vocal cords na nasa larynxa. Ang tunog na ginagawa nito ay binabago pa ng labi at dila para magawa ang mga tunog na ginagamit sa pakikipag-usap. Ang taong natanggalan ng larynx ay maaaring makapagsalita pa rin kung may ibang daluyan ng hangin patungo sa bibig o kung magkakaroon ng vibration o pangiginig sa lalamunan na puwedeng gamitin sa pagporma ng salita.

Ang ispesipikong paraan na gagamitin sa pagsasalita ay nakadepende sa ginawang operasyon at ang iba ay maaaring maging limitado sa mga paraan na puwede nila gamitin.

Kaakibat ang mga speech pathologists sa pagtulong sa mga laryngectomee na pasyente upang makapagsalita muli sa pamamagitan ng pagsasanay at pagturo sa mga pasyente kung paano gamitin ang mga implementong ito.

Ang tatlong pangunahing paraan ng pagsasalita muli matapos ang total laryngectomy ay:

1.   **Tracheoesophageal speech**

Sa ganitong paraan ng pagsasalita, ang hangin na galing sa baga ay pinadadaan sa daanan ng pagkain sa pamamagitan ng isang silicone na tubo. Ang hangin na ito ay pinapanginig ang lalamunan at iyon ang gumagawa ng tunog na ginagamit sa pagsasalita. Ang tubo na ito ay one-way at pinapayagan lamang ang hangin dumaan papaloob sa daanan ng pagkain. Ang laway at pagkain ay hindi nakakapasok sa daanan ng hangin. Ang tubo ay maaaring ikabit kasabay ng mismong operasyon ng total laryngectomy, o pagkatapos nito.

Pinapagana ang tubo na ito sa pamamagitan ng pagsara sa butas sa leeg (laryngeal stoma) gamit ang daliri. Ang tubo na ito ay maaaring mapalitan ng pasyente o ng doktor lamang, depende sa disenyo na ginamit. (Fig 2)

Tinatayang ang mga pasyenteng may ganitong klaseng aparato ang may pinaka-naiintindihang pagsasalita, anim na buwan pagkatapos ng operasyon.

Tracheoesophageal Voice Prosthesis

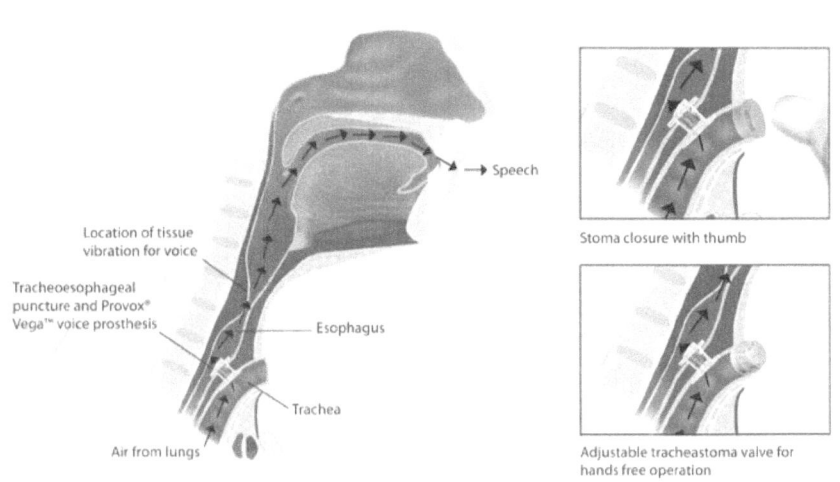

Location of tissue vibration for voice

Tracheoesophageal puncture and Provox® Vega™ voice prosthesis

Esophagus

Trachea

Air from lungs

Speech

Stoma closure with thumb

Adjustable tracheastoma valve for hands free operation

FIGURE 2: TRACHEOESOPHAGEAL SPEECH

2.   Esophageal speech

Sa pamamaraang ito, ang pagsasalita ay isinasabay sa pagdighay ng hangin na galing sa tiyan. Sa tatlong paraan na babanggitin, ito ang pinakamahirap matutunan, pero hindi nito kailangan ng espesyal na aparato o iba pang operasyon. Makakatulong ang ilang mga speech pathologists sa pagtuturo sa mga laryngectomees para masanay sa ganitong klaseng pagsasalita. (Fig3)

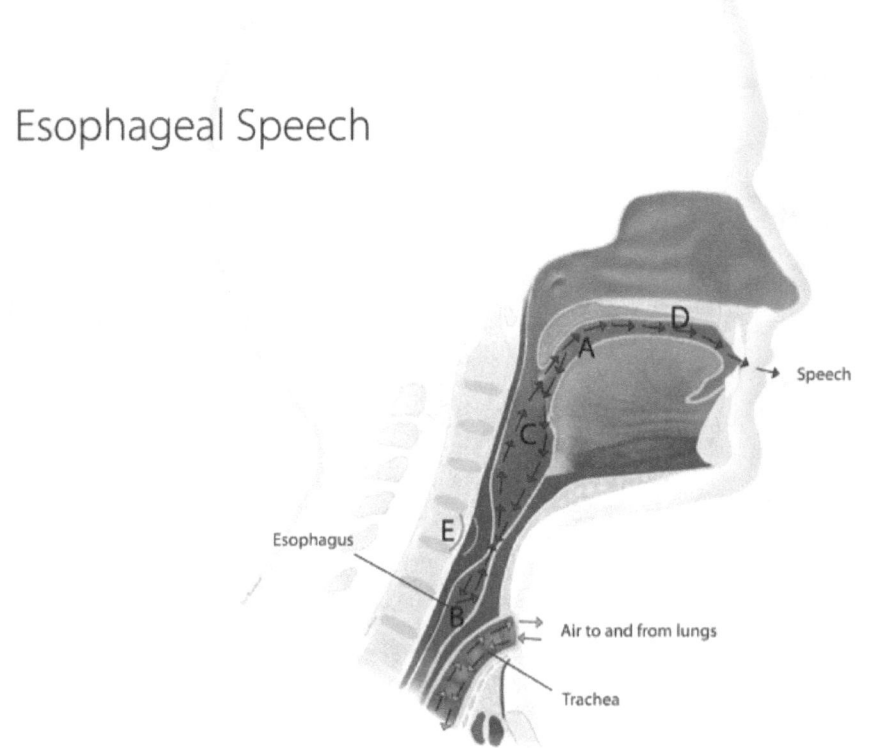

FIGURE 3: ESOPHAGEAL SPEECH

2. Electrolarynx or artificial larynx speech

Ang pagsasalitang ito ay nabubuo sa mga vibrations ng lalamunan na ginagawa ng isang de-bateryang aparato na idinidikit sa pisngi o baba o isinusubo na parang straw. Ang electrolarynx ay pangkaraniwang ginagamit sa panahong nag-rerecover ang pasyente sa operasyon, habang siya ay nasa ospital pa din. Ito rin ay ginagamit na back-up ng mga pasyenteng hindi naging matagumpay sa pagsasalita gamit ang mga naunang paraang nabanggit.

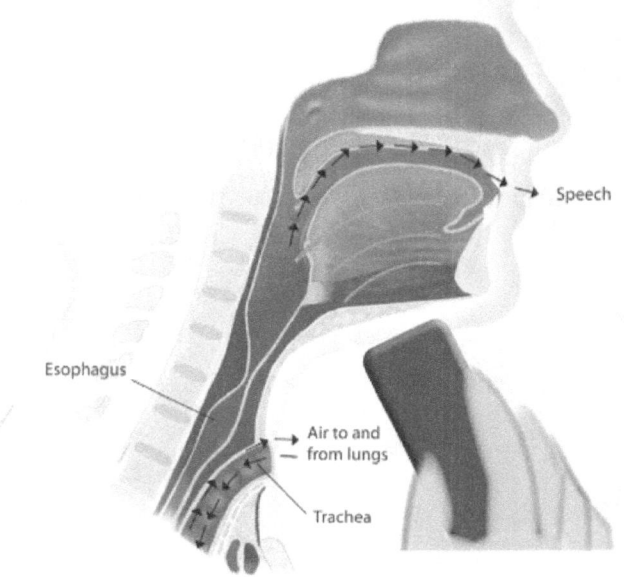

Electrolarynx mechanism of Speech

Speech

Esophagus

Air to and
from lungs

Trachea

FIGURE 4: ELECTROLARYNX OR ARTIFICIAL LARYNX SPEECH

Iba pang paraan

Isang artificial nalarynx ang puwedeng gamitin upang ma-funnel ang hanging galing sa baga patungo sa rubber na inilalagay sa bibig. Ito ang nagsisilbing vibrator para makapagsalita ang pasyente.

Sa hindi kayang magamit ang mga nabanggit, maaaring magtype ng mga kataga o salita na bibigkasin ng computer o cellphone.

Paghinga gamit ng diaphragm

Para sa esophageal speech at tracheoesophageal speech, mas makakatulong kung ang paghinga ng pasyente ay gamit ang diaphragm o ang tiyan. Ang ganitong uri ng paghinga ay nagagamit ang pinakamalalim na hinga na kaya ng baga kaya mas kaya ng mga pasyente na makapagsalita nang mas mahaba.

Paggamit ng amplifier

Isa sa mga problema sa mga gumagamit ng esophageal o tracheoesophageal speech ay mahina ang boses na lumalabas. Isang paraan para masolusyonan ito ay ang paggamit ng "voice amplifier". Sa ganitong paraan, mapipigilan din nito ang maagang pagkasira ng voice prosthesis dahil hindi kailangan puwersahin ang hangin para lang magkaroon ng malakas na boses.

Pagsasalita sa telepono

Maraming naoperahan salarynx ang nahihirapan sa paggamit ng telepono. Hindi madaling maintindihan ang kanilang boses at maaaring babaan sila ng telepono. May mga telepono na may kasamang amplifier na maaaring palakasin ang boses. Minsan, mas madaling magtype na lamang ng text message upang mas maintindihan lalo na sa mga maiingay na lugar.

KABANATA # 7:
PLEMA AT PANGANGALAGA SA PAGHINGA

Ang plema ay ang paraan ng katawan upang mapanatiling malusog ang daanan ng hangin. Pinipigilan nito ang pagtuyo ng daanan ng hangin. Sa mga pasyenteng sumailalim ng total laryngectomy, ang plema ay hindi na nailalabas sa bibig, kundi doon sa sa butas sa leeg (laryngeal stoma). Kapag sila ay mauubo o mababahin, kailangan nila tanggalin ang takip ng kanilang stoma cover.

Plema at halumigmig (moisture)

Sa isang normal na tao, ang hanging kanilang hinihinga ay umiinit, mas nagiging mahalumigmig at nababawasan ng mikrobyo sa pamamagitan ng pagdaan sa ilong. Sa isang taong natanggalan nglarynx, ang mga prosesong ito ay hindi na nangyayari dahil diretso nang pumapasok ang hangin sa butas sa leeg (laryngeal stoma) at hindi na sa ilong. Dahil wala na ang init at halumigmig dulot ng ilong, puwedeng manuyo at magsugat ang daanan ng hangin na maaaring pagmulan ng pagdudugo at impeksyon. Maaari din mairita ang daanan ng hangin at maghudyat ng mas maraming produksyon ng plema. Maaaring mabawasan and produksyon ng plema kung mahahalumigmigan ang hanging pumapasok sa daanan ng hangin. Ito ang mga paraan kung paano ito gagawin:
- Pagsusuot ng HME o "Heat and Moisture Exchanger"
- Pagsuot ng stoma cover na may binasang filter
- Pag-inom ng maraming tubig
- Paglagay ng 3-5 mL ng "saline solution" sa daanan ng hangin
- Paglanghap ng steam / steam inhalation
- Paggamit ng humidifier sa bahay upang makamit ang 40-50% humidity

Pag-alaga sa daanan ng hangin sa tag-lamig

Kapag tag-lamig o nasa mataas na lugar, kung saan ang hangin ay mas tuyo at malamig, maaaring manuyo ang daanan ng hangin at magkaroon ng paninigas ng plema na nagreresulta sa pagkahirap huminga. Minsan ay naninikip ang mga muscle na pumapalibot sa daanan ng hangin kapag nalalamigan. Ito ay nagreresulta sa"bronchospasm" (paninikip ng daanan ng hangin) at nagdudulot din ng pagkahirap huminga.

Maaaring gawin ang mga sumusunod para malutasan ito:

- Paggamit ng suction machine para matanggal ang nanuyot na plema
- Pag-iwas sa dumi, alikabok o mga naka allergy sa hangin
- Pagpatong ng manipis na tela o damit sa harap ng laryngeal stoma
- Pag-iwas na mapasukan ng tubig ang stoma habang naliligo

May iilang mga laryngectomee pasyentena nagkakaroon ng pamamanhid sa leeg o tenga kaya kakailanganin nilang protektahan ito sa lamig dahil baka hindi na ito nakakaramdam.

Paggamit ng suction machine para sa nanigas na plema

Ang mga laryngectomee ay madalas ding pinapabili ng suction machine bilang pagtulong sa pagtanggal ng mga nanuyo o namuong plema na maaaring maging sanhi ng pagkahirap huminga. Maaaring ineksyunan ang daanan ng hangin ng saline solution, upang mas mapalambot ang plemang ito. Minsan, ang namuong plema (mucus plug) ay umaabot sakritikal na laki, na bumabara sa daanan ng hangin, at nagiging agaw-buhay ang sitwasyon at mas mainam tumawag ng ambulansya at dalhin sa ospital para maalis ang mucus plug.

Pag-uubo ng dugo

Kalimitan, ang pagdudugo mula salaryngeal stoma ay nanggagaling sa mga maliliit na sugat na nangyayari habang naglilinis o nagsu-suction. Ang dugo ay matingkad na pula at kalimitan namang tumitigil nang kusa. Isa pang posibleng dahilan ay ang panunuyot ng daana ng hangin, lalo na sa mga malalamig na lugar.

Ang dugo sa plema ay maaari ding senyales ng tuberculosis o sakit sa baga na dapat masuri ng doktor lalo na kapag may kasamang sakit sa dibdib o pagkahirap huminga.

Pagsisipon

Dahil wala nang hanging dumadaan sa ilong, hindi natutuyo ang sipon sa ilong ng mga laryngectomee, at ito ay madalas tumutulo. Pinapayuhan na sila ay umiwas sa malalamig na lugar, at sa mga amoy na nakaka-irita.

Rehabilitasyon ng paghinga

Mas maikli ang dinadaluyan ng hangin papuntang baga, para sa isang laryngectomee. Dahil dito, mas madali para sa kanila huminga kumpara sa normal na tao at minsan ay tinatamad sila huminga nang malalim. Sa ganitong sitwasyon, nababawasan ang kapasidad ng baga na mag-imbak ng hangin. Maaaring gawin ang mga paraang sumusunod para maiwasan ito:

- Paggamit ng heat and moisture exchanger/HME
- Regular na ehersisyo
- Paghinga gamit ang diaphragm/tiyan

KABANATA #8
PANGANGALAGA SA LARYNGEAL STOMA
(Pauleen De Grano, MD)

Ang stoma ay isang butas na nagsisilbing koneksyon ng isang parte ng katawan at ng labas na paligid. Ito ang resulta pagkatapos ng operasyon kung saan tinanggal ang larynx/voice box(total laryngectomy), at nagkakaroon ng butas sa leeg (laryngeal stoma). Ito ang magiging bagong daanan ng hangin na magsisilbing koneksyon ng baga papunta sa labas na kapaligiran. Ang tamang pangangalaga sa laryngeal stoma ay napakahalaga at kailangan.

Pangangalagang Pangkalahatan

Mahalagang may nakatakip palagi sa stoma para maiwasan na mapasukan ng alikabok, usok, dumi at anumang mga organismo na pupunta deretso sa baga. May mga iba't ibang klase ng pantakip. Ang pinaka-epektibo sa mga ito ay ang tinatawag na Heat and Moisture Exchanger (HME) dahil gumagawa ito ng mahigpit na pagsasara sa paligid ng stoma. Bukod sa pag-filter o pagsala ng dumi, napapanatili nito ang ilan sa halumigmig at init na nasa loob ng daanan ng hangin at pinipigilang mawala ito sa katawan ng tao. Ang HME ay tumutulong sa pagbabalik at pagpapanatili ng tamang init, halumigmig at kalinisan ng hangin na pumapasok sa katawan sa kondisyon nito bago pa man ang operasyon.

Ang butas ng stoma ay kadalasang lumiliit sa mga unang linggo at buwan pagkatapos ng total laryngectomy operasyon. At hindi ito dapat mangyari, dahil habang lumiliit ang butas ng stoma, mas mahihirapan makapasok ang hangin at makarating sa baga. Para hindi ito mangyari, nag-iiwan pansamantala ng temporary tubo sa stoma. Sa paglaon ay binabawasan ang tagal ng pagkakabit ng tubo na ito. Kapag na-obserbahan na hindi naman na lumiliit pa ang stoma, hindi na kinakabit nang tuluyan ang temporary tubo.

Pangangalaga sa stoma gamit ang base plate o adhesive housing ng HME

.

Ang balat sa paligid ng stoma ay maaaring mairita dahil sa paulit ulit na pagdidikit at pagtatanggal ng housing ng HME. Ang mga materyales ay maaaring makairita sa balat. Ang mismong pagtanggal ay maaari ring makairita lalo na kung ito ay nakadikit nang maigi.

May mga pamahid katulad ng nabibiling Remove ®na maaaring makatulong sa pagtanggal ng base plate o housing. Inilalagay ito sa gilid ng housing at nakakatulong ito sa pagtanggal ng housing mula sa balat kapag inangat. Ang pagpahid ng Remove ay nakakalinis ng mga tira-tirang galing sa pandikit ng housing. Importante rin na tanggalin ang mga tirang Remove gamit ang tela na may alcohol para hindi ito makadagdag sa pagkairita. Kapag gagamit ng bagong housing, ang pagsaid sa natirang Remove ay nakakatulong na hindi ito makaabala sa ilalagay na bagong pandikit.

Hindi pangkaraniwang inaabiso na iwanan ang housing nang mas matagal pa sa 48 oras pero ang ibang mga tao ay ginagamit ito nang mas matagal pa hanggang ito'y maging maluwag na o madumi. Sa ibang tao, ang pagtanggal ng pandikit ay mas nakakairita pa kaysa sa mismong pandikit. Sa mga pagkakataong nairita ang balat, mas magandang suotin muna ang housing sa loob ng 24 oras. Kung nairita na ang balat, mas magandang papahingahin muna ito ng isang araw o hanggang sa humilom na muna ito, takpan muna ang stoma gamit ang foam cover o panakip na hindi matigas ang ilalim. Mayroon ring mga pandikit na gawa sa hydrocolloid na puwedeng gamitin sa mga balat na sensitibo.
Importante na gumamit ng liquid film-forming skin-protecting dressing tulad ng Skin Prep ®bago ilagay ang pandikit.

Pangangalaga sa stoma gamit ang tracheostomy tube.

Ang pag-iipon ng plema at paulit-ulit na pagdikit at pagtabig ng tracheostomy tube ay maaaring makairita sa balat sa paligid ng stoma. Ang balat sa paligid ng stoma ay dapat nililinis para maiwasan ang di kanais-nais na amoy, iritasyon at impeksyon. Kung ang balat ay namumula, mahapdi o hindi kanais-nais ang amoy, mas madalas dapat linisin ang stoma. Maaaring kumonsulta sa doktor kung ang di kanais-nais na amoy, iritasyon at impeksyon ay di agad matanggal at kapag may lumabas na kulay dilaw-berde sa may stoma.

Pagkairita ng balat sa paligid ng stoma

Kung ang balat sa paligid ng stoma ay naiirita at namumula, mas maganda na ito'y walang takip at hindi muna nilalagyan ng kahit anong panunaw sa loob ng 1-2 araw para bigyan ito ng panahon na makahilom. Minsan kasi ay nagkakaroon ng iritasyon ang ibang tao sa panunaw na ginagamit na pamahay sa HME. Sa pagiwas sa paggamit ng mga panunaw na ito ay naiiwasan rin ang iritasyon na dulot nito. Ang paggamit ng pandikit na gawa sa hydrocolloid ay nakakatulong sa mga taong may sensitibong balat.
Kung may mga senyales ng impeksyon tulad ng pag-ukab ng balat at pamumula, maaaring gumamit ng gamot napamahid. Maaari ding magkonsulta sa doktor kung hindi agad humilom ang impeksyon. Maaari ding kumuha ng sample na ipasusuri mula sa parte na may impeksyon para matulungan matukoy ang organismo na nagsasanhi dito.

Pagsasanggalang sa stoma mula sa tubig tuwing naliligo

Mahalaga na maiwasang pumasok ang tubig papuntang stoma tuwing naliligo. Kung kaunti lamang ang papasok na tubig ay halos wala itong pinsala na maidudulot, madali lamang itong maiuubo. Ngunit kung magiging madami ang tubig napapasok dito, maaari itong magsanhi ng pahamak.

Ang sumusunod ay ilan sa mga hakbang na maaaring gawin para maiwasang pumasok ang tubig sa stoma:

- Pagtakip sa stoma gamit ang palad at hindi paghinga kapag ang tubig ay malapit sa stoma
- Pagsuot ng bib na yung parteng hindi nababasa ay nakalabas o nakaharap
- Paggamit ng pantakip na nabibili o pangkomersyal
- Pagsuot ng takip ng stoma, o pamahay ng HME habang naliligo ay maaaring sapat na lalo na kung ang daloy ng tubig ay palayo mula sa stoma. Pagpigil ng hininga sa loob ng ilang segundo kapag hinihinawan ang parteng malapit sa stoma ay nakakatulong rin. Ang pagligo kapag malapit nang matapos ang araw bago palitan ang pamahay ng HME ay isa ring paraan ng paggamit nito bilang proteksyon. Ang paggamit ng ganitong hakbang ay makakatulong na mapadali ang panliligo.
- Kapag naglilinis ng buhok, maaaring ibaba ang baba sa may stoma sa pamamagitan ng pagyuko

Tubig at pulmonya

Ang mga laryngectomee ay maaaring masamid ng tubig naposibleng madumi. Tubig na galing sa gripo ay may mga organismong maaaring makasama, at ang bilang ng organismong ito ay nakasalalay sa paglilinis ng pinanggagalingan ng tubig at sa mismong pinanggagalingan ng tubig. Ang tubig sa pool ay may chloride na nagbabawas pero hindi umuubos ng organismong maaaring makasama sa tubig. Ang tubig alat ay marami ring organismo na maaaring makasama.

Kapag may tubig na hindi malinis na makakapasok sa baga, maaari itong magsanhi ng pulmonya. Ang pagkakaroon ng pulmonya mula sa pagkakasamid ay nakadepende sa dami ng tubig na nasamid at nailabas, kasama na din ang immune system ng isang tao.

Pagiwas na masamid papunta sa stoma

Isa sa karaniwang sanhi ng biglaang hirap sa paghinga ng isang laryngectomee ay ang paglanghap ng napakanipis na papel o tisyu papunta sa tubong daanan ng hangin. Napakamapanganib nito at maaaring magsanhi ng pagtigil ng paghinga. Nangyayari ito kapag tinakpan ang stoma ng tisyu o papel kapag nag-uubo ng plema. Pagkatapos kasi ng ubo ay may mabilis at malalim na paglanghap ng hangin na maaaring makapagsinghot paloob noong papel patungo sa tubong daanan ng hangin. Maaari itong maiwasan sa pamamagitan ng paggamit ng tela o matibay na papel na hindi agad napupunit. Ang paggamit ng maninipis na mga papel ay dapat iwasan.
Isa pang paraan para maiwasan ang pagsamid ng mga tisyu ay pagpigil ng hininga hanggang tapos na ang pagpunas ng plema at natanggal na ang tisyu mula sa paligid ng stoma.

Ang pagsasamid o paglanghap ng iba pang mga bagay ay dapat ring iwasan sa pamamagitan ng paggamit ng HME, takip na gawa sa foam o kahit anong takip sa stoma.

Ang pagsasamid ng tubig papunta sa stoma habang naliligo ay maaaring maiwasan sa pamamagitan ng pagsuot ng pantakip sa stoma. Maaari ring isuot pa rin ang HME habang naliligo o iwasan ang paghingang malalim kapag may tubig na papunta sa may stoma.

Ang panliligo sa balde o tub ay maaari ding gawin basta ang taas ng tubig ay hindi umaabot sa stoma. Ang mga parte sa paligid ng stoma ay dapat linisin gamit ang tela na may sabon. Importante ring iwasan na pumasok ang tubig na may sabon papuntang stoma

KABANATA #9:
PANGANGALAGA SA PANGPALITAN NG INIT AT HALUMIGMIG (HEAT AND MOISTURE EXCHANGER/HME)
(Jennifer Almelor, MD)

Ang Pangpalitan ng Init at Halumigmig (tinatawag na "HME – *Heat &Moisture Exchanger*") ay nagsisilbing takip sa butas ng daanan ng hangin (*stoma*) upang makalikha ng isang mahigpit na selyo sa paligid ng *stoma*. Bukod sa pagsala ng mga alikabok at iba pang malalaking partikulo na nasa hangin, ginagawa ng HME ay pinipigilan nito ang pagkawala ng halumigmig (moisture) at init na nasa loob ng daluyan ng hangin, at nagdaragdag din ng pagpigil sa daloy ng hangin (*airway resistance*). Ang HME ay tumutulong mapanumbalik ang temperatura, halumigmig, at kalinisan ng hiningang hangin upang ito ay maging katulad muli sa naunang kalagayan bago ma-*laryngectomy*.

Pakinabang ng HME

Mainam na magsuot ang mga *laryngectomees* ng isang HME. Sa Estados Unidos, ang HMEs ay makukuha sa Atos Medical and InHealth Technologies (larawan 2). Ang HME ay maaaring nakakabit sa pamamagitan ng isang aparato na ipinapasok sa *trachea* o *stoma*, kabilang dito ang mga *laryngectomy* o *tracheostomy tubes*, Barton Mayo Button™ at/o Lary Button™. Maaari rin itong maipasok sa isang *housing* o *base plate* na nakadikit sa balat sa paligid ng stoma.

Ang HME *cassettes* ay dinisenyo upang maalis at palitan araw-araw. Ang laman ng mga HME *cassettes* na nilagyan ng mga sangkap na mayroong kakayahang labanan ang mga mikrobyo ay tumutulong upang panatilihin ang halumigmig sa loob ng baga. Sila ay hindi dapat hinuhugasan at hindi ginagamit muli,dahil ang mga laman nito ay unti unting nawawalan ng bisa

PANGANGALAGA SA PANGPALITAN NG INIT AT HALUMIGMIG
habang lumilipas ang panahon o kapag hinugasan sa tubig o iba pang mga
gamit sa paglilinis.

Sinasalo ng HME ang mainit, mamasa-masang, at mahalumigmig na hangin
habang ito ay binubuga. Ito ay maaaring haluan ng *chlorhexidine* (panglaban
sa mikrobyo), *sodium chloride* (NaCl), *calcium chloride salts* (pinapanatili ang
halumigmig), *activated charcoal* (sumisipsip sa mga *volatile fumes*), at
pagkatapos ng 24 oras na paggamit ay maaari nang itapon.

Ang mga pakinabang ng HME ay: itinataas ang halumigmig sa loob ng baga
(na sa kalaunan ay humahantong sa mas mababang produksyon ng plema),
binabawasan ang lagkit ng plema sa baga, pinapababa ang panganib na
magbara ang plema, at muling ibinabalik ang normal *airway resistance* sa
nalanghap na hangin na nagpapanatili sa kapasidad ng baga.

Bukod dito, mayroong espesyal na HME na sinamahan ng isang pangsala
(*electrostatic filter*) na binabawasan ang paglanghap (pati ang
pagbuga/paglipat) ng bakterya, mikrobyo, alikabok at *pollen*.

Ang paglanghap ng mas kaunting *pollen* ay maaaring makabawas sa
pangangati ng daluyan ng hangin sa mga panahon na mataas ang mga bagay na
nakakadulot ng allergy sa katawan (*allergens*). Ang pagsuot ng isang HME na
may *filter* ay maaaring makabawas sa panganib ng pagkahawa o paglipat ng
mga impeksyon dulot ng mikrobyo at bakterya, lalo na sa mga lugar na matao
o sarado. Mayroon nang magagamit na bagong HME *filter* na dinisenyo upang
salain ang mga potensyal na organismo sa hangin (*respiratory pathogens*) na
mabibili sa Provox 001Micron™ at Atos Medical.

Mahalagang maintindihan na ang simpleng pantakip sa *stoma*, tulad ng isang
laryngofoam™*filter*, panyo, bandana, atbp., ay hindi makakapagbigay ng
parehong pakinabang or benepisyo sa isang *laryngectomee* tulad nang
magagawa ng isang HME *filter*.

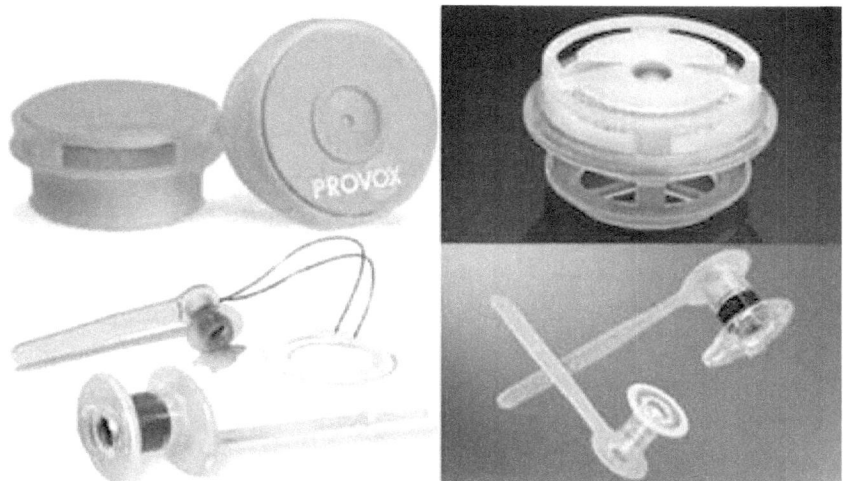

Larawan 2: *Voice Prosthesis* (ibaba) at HMEs (itaas) ginawa ng Atos Medical (Provox) at InHealth

Ang side effects ng HME sa paghinga ng isang laryngectomee

Binabago ng laryngectomy ang normal na daluyan ng hangin (*respiratory system*) sapagkat nahahayaang malampasan ng hiningang hangin ang ilong at itaas na parte ng daluyan ng hangin (*upper airway*) na karaniwang nagbibigay ng halumigmig, pagsasala, at init. Nababawasan din nito ang *resistance* at ang pagsisikip na kailangan sa paghinga sa pamamagitan ng pag-alis ng *air resistance* at pagpaikli ng distansya na kailangang daluyan ng hangin papunta sa baga.

Ibig sabihin ay hindi kailangan ng mga *laryngectomees* na magsikap masyado upang ang hiningang hangin ay makalampas sa *upper airway* (ilong, mga daanan sa loob ng ilong, at lalamunan), at hindi kinakailangan mapuno nang sobra ang kanilang baga ng hangin kumpara dati, maliban na lang kung ang pasyente ay nagsisikap mapanatili ang kanilang kapasidad sa pamamagitan ng ehersisyo at iba pang mga pamamaraan. Pinatataas ng HME ang *resistance* ng nalanghap na hangin kung kaya't tumataas din ang pagsikap sa paghinga, sa ganitong paraan ay napapanatili ang dating kapasidad ng baga.

Paglalagay ng HME *base plate (housing)*

Ang susi para tumagal ang paggamit ng HME *base plate (housing)* ay hindi lamang sa wastong pagdikit nito, kundi pati na rin ang pagtanggal sa lumang pandikit na nasa balat, paglinis ng paligid ng *stoma*, at paglagay ng maraming patong ng bagong pandikit at kola. Napakahalaga ang maingat at wastong paghahanda ng balat **(larawan 3).**

Sa ilang mga indibidwal ay mahirap ang wastong paglagay ng *housing* o *base plate* dahil sa hugis ng leeg sa paligid ng stoma. Maraming iba't ibang klase ng *housing*; makakatulong ang isang *speech and language pathologist /SLP*sa tamang pagpili nito. Ang paghahanap sa pinakamagandang HME *housing* ay maaaring abutin ng maraming pagsubok at pagkakamali. Sa paglipas ng panahon, ang pamamaga pagkatapos ng operasyon ay mawawala at ang hitsura sa paligid ng *stoma* ay maiiba, at dahil dito ay maaaring magbago ang uri at laki ng *housing* na angkop.

Nasa ibaba ang mga iminumungkahing mga tagubilin kung paano ilagay ang mga *housing* para sa HME. Sa buong proseso na ito ay mahalaga na matiyagang maghintay at hayaang matuyo ang likidong bumubuo na pangprotekta sa balat (i.e., Skin Prep™ Smith & Nephew, Inc. Largo, Fl 33773) at ang pandikit sa balat na *silicone* bago ilagay ang susunod na bagay o ang *housing*. Ito ay maaaring abutin nang mga ilang oras, ngunit mahalagang sundin ang mga tagubiling ito:

1. Linisin ang mga lumang kola gamit ang mga pangpunas na dinisenyong pangtanggal ng mga pandikit (halimbawa, Remove™, Smith & Nephew, Inc. Largo, Fl 33773).

2. Punasan at tanggalin ang Remove™ gamit ang pangpunas na may alkohol (kapag hindi ninyo gagawin ito, ang Remove™ ay makakasagabal sa bagong pandikit).

3. Punasan ang balat gamit ang basang tuwalya.

4. Punasan ang balat ng basang tuwalya na may sabon.

5. Hugasan at tanggalin ang mga sabon gamit ang basang tuwalya at pagkatapos ay patuyuin nang mabuti.

6. Ilagay ang Skin Prep™ at patuyuin ng 2-3 minuto.

7. Upang madagdagan ang pagkakadikit, ilapatsa balat ang pandikit na *silicone* o gamitin ang pangpunas na Skin-Tac™ (Torbot, Cranston, Rhode Island, 20910) at patuyuin ng 3-4 minuto (ito ay lalong mahalaga para sa mga gumagamit ng *valve* na may awtomatikong pangsalita).

8. Ikabit ang *base plate* (*housing*) para sa HME sa magandang location na makakapag-allow ng daloy ng hangin at magandang pagkakakabit.

9. Kapag gagamit ng mga HME na hindi kailangan hawakan (*hands free* HME) ay maghintay ng 5-30 minuto bago magsalita upang lumapat nang maigi ang kola o pandikit.

Inirerekomenda ng ilang SLPs na painitin muna ang *housing* bago ilagay sa pamamagitan ng pag-ipit dito sa pagitan ng dalawang kamay, ipitin ito sa ilalim ng kili-kili ng ilang minuto, o gumamit ng pangtuyo ng buhok (*hair drier*) upang hipan ito ng mainit na hangin. Maging maingat na ang pandikit ay hindi maging masyadong mainit. Ang pag-init sapandikit ay napakamahalaga kapag ang gagamitin ay ang pandikit na *hydrocolloid* dahil ang init ang susi upang aktibahin ang kola.

Narito ang isang video na ginawa ni Steve Staton na nagpapakita kung paano ilagay ang *housing* (http://www.youtube.com/watch?v=5Wo1z5_n1j8).

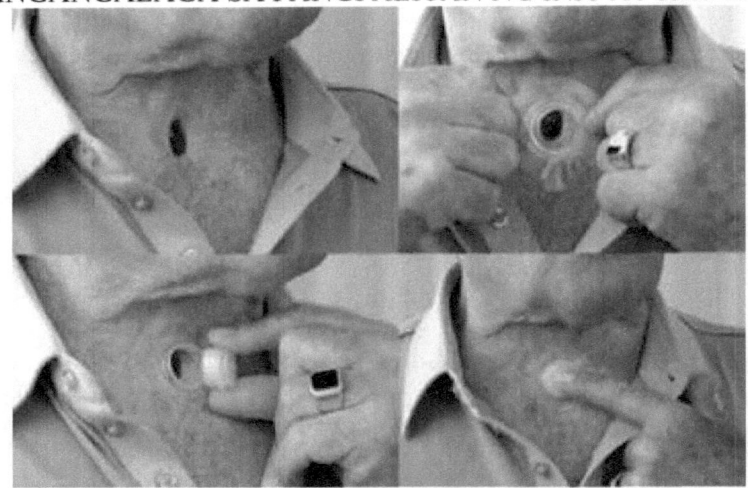

Larawan 3: Paglagay ng HME at housing sa isang *stoma*

Paggamit ng *Hands Free* HME

Ang *hands free HME* ay nagpapahintulotna makapagsalita nang hindi na kinakailangang pindutin ang HME upang ito ay sumara, at dahil dito ay napipigilan ang paglabas ng hangin sa *stoma* at sa halip ay napupunta ang hangin papunta sa *voice prosthesis*. Dahil sa kagamitang ito ay nahahayaang libre ang mga kamay at pinapadali ang mga mga bokasyonal (*vocational*) at panglibangang gawain. Ating tandaan na kapag gumagamit ng *hands free HME* ay mas matinding puwersaang namumuo tuwing ang hangin ay naibuga kung kaya't maaaring humantong sa pagkakasira ng selyo ng HME *housing*. Upang maiwasan ang pagkasira ng selyo ng HME *housing*, maaaring bawasan ang puwersa ng pagbuga ng hangin kapag nagsasalita, pagsalita nang mas mabagal at mahina (halos pabulong), at paghinga ng hangin pagkatapos magsalita ng mga 5-7 salita. Makakatulong din ang pagsuporta dito gamit ng isang daliri kapag kinakailangang magsalita nang malakas. Mahalaga rin na mabilis na tanggalin ang aparato bago umubo.

Ang pangsala ng hangin o *air filter* (tinatawag din na *cassette* sa Provox FreeHands HME) sa *hands free* na aparato ay kailangang palitan at linisin nang regular (tuwing 24 oras o mas maaga kung ito ay nagiging marumi o natatakpan na ng plema). Gayunman, ang HME ay maaaring magamit nang pangmatagalan (mula anim na buwan hanggang isang taon) kapag wasto ang paggamit at paglinis. Ang *hands free* na aparato ay nangangailangan ng panimulang pagsasaayos upang maging angkop sa paghinga at kakayahan sa pagsasalita ng *laryngectomee*. Nagbibigay ang mga tagagawa nitong mga aparato ng detalyadong mga tagubilin sa kung paano gamitin at pangalagaan ang mga kagamitang ito.

Ang solusyon sa pagsasalita gamit ang *hands free* HME ay matututong magsalita nang hindi nasisira ang selyo nito. Kapag gugamit ng *diaphragmatic* na paghinga ay mas maraming hangin ang naiibuga, sa gayon ay nakakabawas sa pagsisikap sa pagsasalita at napatataas ang bilang ng mga salita na maaaring masabi sa bawat hininga. Ang pamamaraan na ito ay nakakapigil sa pagipon ng puwersa ng hangin sa loob ng daluyan ng hangin na maaaring makasira sa selyo ng *housing*. Ito ay maaaring abutin ng ilang oras at pasensya upang matutong magsalita sa ganitong paraan, ang patnubay ng isang bihasang SLP ay makakatulong.

Napakahalaga na ilagay ang HME *housing* ayon sa mga hakbang na nakabalangkas sa bahagi na tinatalakay ang pangangalaga sa HME (tingnan ang **Paglalagay ng HME *base plate (housing)***, pahina 67) kabilang na ang paglinis ng mga lugar sa paligid ng stoma gamit ang Remove™, alkohol, tubig at sabon, paglagay ng Skin Prep™ sa balat at sa dulo ay ang pandikit (Skin Tag™). Ang pagsunod sa mga tagubiling ito ay maaaring mapahaba ang buhay ng housing at mabawasan ang posibilidad ng pagtagas ng hangin mula sa selyo.

Ang paglanghap ng hangin ay bahagyang mas mahirap kapag gumagamit ng *hands free* HME kumpara sa isang regular na HME. Posibleng mas maraming hangin ang malanghap sa pamamagitan ng pag-ikot ng balbula papunta sa kaliwa (*counter-clockwise*) sa Atos FreeHands™ at InHealth HandsFree™ na mga aparato.

PANGANGALAGA SA PANGPALITAN NG INIT AT HALUMIGMIG

Sa kabila ng mga hamon ng pagpanatili sa selyo, pinahahalagahan ng maraming *laryngectomees* ang kakayahang magsalita sa isang mas natural na paraan at ang kalayaan sa paggamit ng dalawang kamay. Ang ilan ay natututong mapanatili ang selyo nang mas matagal kapag gumagamit ng *voice amplifier* kung saan mas kauting pagsisikap ang kinakailangan at mas mababang presyon ng hangin ang nalilikha. (Tingnan ang **Pagtaas ng Boses Gamit ang Isang *Voice Amplifier*,** pahina 49)

Pagsusuot ng HME Magdamag

Ang ilang mga HME ay inaprubahan para masuot ng 24/7 (i.e., Atos Medical). Kung ang mga selyo ay tumatagal, maaari itong suotin ng magdamag. Kung ito ay hindi magtatagal, posible na gamitin ang isang pansamantalang *base plate* para gamitin sa gabi. Ang Atos Xtra BasePlate™ ay maaaring bawasan at putulin pababa sa pamamagitan ng pagtanggal ng panlabas na bahagi na malambot at iwan ang matibay na panloob na bahagi. Ang *plate* nito ay "malagkit" at gayon maaaring takpan ang stoma nang walang kola, upang makayanan na magsalita. Posible rin na gamitin ang mga HME na nakapasok sa isang LaryTube nang magdamag.

Pagtatakip (pagtatago) ng HME

Pagkatapos ang *laryngectomy*, humihinga ang mga tao sa pamamagitan ng isang *tracheostomy* na bumubukas sa isang *stoma* sa kanilang leeg. Karamihan ay naglalagay ng isang HME o isang *foam filter* sa *stoma* upang salain ang mga nalanghap na hangin at mapanatili ang init at halumigmig sa taas na parte ng daluyan ng hangin. Ang nakasuklob na *stoma* ay nakausli at ang mga *laryngectomees* ay nahaharap sa pagpili na takpan ang HME o sa halip ay gamitin pangsala ang isang damit, panyo, o alahas, o hayaan na walang takip.

Ang pabor at kontra sa bawat mapagpipilian:

Ang paghinga ay maaaring mas madali nang walang dagdag na takip na maaaring makasagabal sa daloy ng hangin. Hayaang ang lugar ay nakalantad upang mas madaling maabot ang *stoma* para sa layunin ng paglilinis at pag-alaga at nagbibigay-daan din upang mabilis na maalis ang HME kung sakaling kailangan umubo o bumahing. Kadalasan ay biglaan at mabilis ang pagkaramdam ng pagbahing o pag-ubo at kapag ang HME ay hindi natanggal agad ay maaari itong mabarahan ng plema or sipon.

Kapag hinayaang nakalantad ito ay nagbibigay ito ng katwiran sa mahina at magaspang na boses ng maraming *laryngectomees* at hinihikayat ang iba na makinig sa kanila nang mas mabuti.

Ito rin ay ginagawang mas madali para sa mga medikal na propesyonal upang makita ang naiibang *anatomy* ng isang *laryngecytomee* kung sakaling kailanganin ang *emergency respiratory ventilation*. Kung ang kondisyon na ito ay hindi agad mapansin, maaaring ang *respiratory ventilation* ay maidaan sa bibig o ilong at hindi sa *stoma*. (Tingnan sa **Pagtitiyak ng Sapat na Pag-aalaga ng mga *Neck Breathers* Kabilang ang *Laryngectomees*,** pahina 147)

Ang hayagang pagpapakita ng stoma site ay inihahayag din ang medikal na kasaysayan ng tao at ang katunayan na siya ay *cancer survivor* na itinuloy ang kanilang buhay sa kabila ng kanilang kapansanan; ang cancer ang nangungunang indikasyon para sa isang *laryngectomy*. Bagama 't maraming mga *cancer survivor* sa komunidad, ang kanilang pagkatao ay nakatago mula sa panlabas na anyo.

Kadalasang dahilan kung bakit tinatakpan ang *stoma* gamit ang isang *stoma cover* o tela ay dahil ayaw nilang makaabala o makasakit ng damdamin ng ibang tao. Hindi rin nila nais mailantad ang kakaiba nilang anyo at kung maaari ay manatiling hindi kapansin-pansin at magmukhang normal hangga 't maaari. Ang pagtakip dito ay kadalasan mas karaniwan sa mga babae na maaaring mas nababahala sa kanilang pisikal na kaanyuan. Nadarama ng ilang tao na ang pagiging isang *laryngectomee* ay isang maliit na bahagi lamang ng kanilang pagkatao; hindi nila gustong "mag-anunsiyo" tungkol dito.

May mga benepisyo at side effectssa bawat pagpipilian at ang huling desisyon ay nakasalalay pa rin sa tao.

KABANATA #10:
ANG PAGGAMIT AT PANGANGALAGA NG
TRACHEOESOPHAGEAL PROSTHESIS / TEP
(Alfredo Pontejos Jr., MD)

Ang "voice prosthesis" ay isinusuksok sa dati nang ginawang maliit na butas na nag-uugnay sa daanan ng hangin (trachea) at daanan ng pagkain (esophagus) para sa mga gustong makapagsalita. Ginagawa ito sa pamamagitan ng paghinga ng hangin galing sa baga patungo sa butas papunta sa esophagus sa pamamagitan ng silicone prosthesis na nakalagay sa butas. Ang paggalaw ng hangin aysa pamamagitan ng vibration galing sa ibabanglalamunan.

Uri ng voice prosthesis

May dalawang uri ng voice prosthesis: ang (1) "indwelling type" na inilalagay at pinapalitan ng isang ORL doctor o speech and language pathologist/ SLP o at (2) patient-changed type.

Ang "indwelling prosthesis", sa pangkalahatan, ay mas tumatagal kesa sa prosthesis na inilalagay ng pasyente. Ngunit, ang prosthesis ay nagkakaroon din ng leakage dahil sa amag at iba ibang bacteria na tumutubo sa silicone, na nagiging dahilan ng hindi maayos na pagsara ng valve flap. Kapagang valve flap ay hindi na nagsasara nang maayos, ang anumang uri ng fluid ay puwedeng pumasok sa voice prosthesis.

Ang indwelling prosthesis ay puwedeng maiwan ng ilang linggo o buwan. Ngunit ang ilang SLP ay naniniwala na dapat palitan ang prosthesis kahit wala pa itong anim na buwan sa dahilang kapag iniwan ito nang matagal, puwedeng lumuwag ang butas at tumagas.

Ang voice prosthesis na alaga naman ng pasyente,ay may mas malawak na pagsasarili. Puwede itong palitan ng pasyente nang regular (kada isa o dalawang lingo).Ang ibang may prosthesis ay nagpapalit lamang pag may tagas na. Ang lumang prosthesis ay puwedeng linisin at gamitin muli nang ilang ulit.

May ilang bagay na magsasabi kung kaya ng pasyente na gumamit ng"patient-managed" prosthesis.

Ang lugar ng butas/stoma ay dapat madaling maabot ng pasyente. Pero kapag may nagbago sa lokasyon at anggulo ang stoma, hindi na niya ito dapat pang subukan pasukan ng prosthesis.

Ang pasyente ay dapat namay maliwanag na paningin at steady na mga daliri, para maayos at ligtas niya maisuot ang prosthesis sa kanyang stoma.
Ang indwelling voice prosthesis, ay hindi kailangang palitan nang kasing dalas tulad ng patient managed prosthesis.

Dalawang videosna gawa ni Steve Staton ay magpapaliwanag kung paano palitan ang patient changed prosthesis.
http://www.youtube.com/watch?v=nF7cs4Q29WA&feature=channel_page
http://www.youtube.com/watch?v=UkeOQf_ZpUg&feature=relmfu

Ang kaibahan ng "clinician-changed" at "patient-changed" prosthesis ay ang laki ng "flange", o yung mga animo pakpak ng prosthesis. Masmalaki ang flange ng clinician changed device kaya hindi siya madaling matatanggal. Ang isa pang pagkakaiba ay hindi dapat tinatanggal ang insertion strap sa patient-changed prosthesis, dahil sa tumutulong ito para steady ang pagkakasuot ng prosthesis.

Walang pagkakaiba sakalidad ng boses na lumalabas, sa dalawang prosthesis.

Ano ang dapat gawin kung ang prosthesis ay lumubog o nadiskaril

Kung ang prosthesis ay lumubog o na-diskaril, o natanggal nang hindi sinasadya, maaaring magpasok ng maliit na sonda (pulang goma na kateter/catheter) sa TEP na maaaring magsara sa loob ng ilang oras, upang maiwasan ang pagsasara. Ang pagpasok ng isang catheter o isang bagong prosthesis ay maaaring hadlangan ang pangangailangan para sa isang bagong TEP. Ang pagtanggal ng prosthesis mula sa sentro (lumen) ay maaaring pansamantalang mapangasiwaan sa pamamagitan ng pagpasok ng plug (tiyak sa uri at lapad ng prosthesis) hanggang mapalitan ito.

Pinapayuhan ang mga laryngectomee na gumagamit ng "patient-changed" prosthesis na laging maghanda ng prosthesis plug at isang sonda.

Mga sanhi ng tagas ng TEP

Dalawang lokasyon ng tagas ang posibleng mangyari: tagas sa mismong prosthesis, o di kaya ay sa paligid ng prosthesis.

Mas madalas mangyari ang tagas sa mismong *prosthesis*, dahil nagkaka-problema na sa *valve flap* na hindi na makapit ang pagkakahigpit. Ang kalimitang dahilan ng pagkasira ng valve flap ay impeksyon dulot ng amag (*fungal infection*).

Ang pagtagas samismong prostesis ay nakararami dahil sa mga sitwasyon kung saan ang *valve* ay hindi na malapat na mahigpit. Ito ay maaaring dahil sa mga sumusunod --- kolonisasyon ng amag/*fungus* sa *valve*; maaaring ang *flap valve* ay naka-uwang; isang piraso ng pagkain, plema o buhok ay nadikit sa *valve*, o sa aparato na nag-uugnay sa muscle ng *esophagus*.

Sa kalaunan, papalya at papalya din ang prosthesis, kung hindi dahil sa impekyon dulot ng ambag, ay dahil sa mga mekanikal na dahilan.
Kung hindi nawawala ang tagas sa *prosthesis*, ito ay marahil sa dahilang nananatiling naka-uwang ang valve flap sanhi ng *negative pressure* dulot ng paglunok.

Maaari itong itama sa pamamagitan ng paggamit ng isang prosthesis na may mas malawak na *resistance*. Bilang kapalit, mas kinakailangang maglaan ng mas higit na pagsisikap ang larygectomee upang makapag labas ng boses at makapagsalita. Napakahalagang maiwasan ang tagas sa prosthesis para hindi makarating ang mga tagas sa baga.

Ang pagtagas sa paligid ng prosthesis ay mas bihirang mangyari, at kung mangyari man ay kadalasang dahil sa napalaki ang paggawa ng butas na kakabitan ng prosthesis, o di kaya ay dahil hindi nahigpitan maigi ang prosthesis nang ikinabit. Sa ganitong sitwasyon, napapaiksi ang buahy ng prosthesis, at mas madalas ito kelangan palitan.

Kung maganda ang kondisyon ng muscle ng *esophagus*, walang magiging tagas sa paligid ng prosthesis dahil naseselyado nang maganda ng esophagus muscle ang butas na ginawa. Subalit sa ilang mga sitwasyon, hindi nakakapagtaka na magkaroon ng tagas sa prosthesis. Kabilang sa mga hindi kanais-nais na mga sitwasyon ay ang mga sumusunod: gastro-esophageal acid reflux, malnutrisyon, pagkalulong sa alak, hypothyroidism, maling pagkabit ng prosthesis, impeksyon sa paligid ng prosthesis, hindi tamang pag-aalaga ng prosthesis, pagtubong muli ng cancer sa paligid ng prosthesis, at side effect ng radiation.

Minsan naman ay mas mahaba ang prosthesis na ikinabit. Dahil dito ay luluwa ang prosthesis, na hindi dapat mangyari. Kapag ang prosthesis ay naglalabas-pasok, lumuluwag ang butas, at magkakaroon ng tagas. Ang angkop na haba ng prosthesis ang dapat ikabit. Ang tagas ay dapat maayos sa loob ng 48 oras.

Kung hindi, ay dapat itong masusing suriin upang mapag alaman ang dahilan ng tagas.

Ang pagkipot ng esophagus *(esophageal stricture)* dahil sa peklat na dulot ng operasyon at radiation, ay isa ding dahilan ng tagas sa paligid ng prosthesis. Dahil mas pilit at puwersado ang paglunok ng laryngectomee para makadaan ang pagkain sa kumipot na esophagus malapit sa prosthesis, ito ang magdudulot ng tagas sa paligid ng *prosthesis.*

Sari-saring mga paraan ang posibleng gawin para maayos ang tagas. Kabilang dito ang pansamantalang pag-alis ng prosthesis, at palitan ng mas maliit na gomang sonda o kateter, upang magsilbing pang-sanggalang sa butas habang inoobersabaham itong kusang lumiit nang paunti-unti. Ang iba ay nagtatahi ng sinulid na sutla sa gilid ng butas; may nag-iiniksiyon ng *gel,* collagen o micronized AlloDerm * (LifeCell Branchburg, N.J. 08876); may iba na naglalapatng silver nitrate o autologous fat transplantation; ang iba ay nagkakabit ng mas malaking prosthesis upang mapigil ang pagtagas. Nagbibigay din ng kontra acid reflux na gamot para mabawasan ang pamamaga sa paligid ng prosthesis na may tagas, at tumulong sa paghilom ng sugat.

Hindi minumungkahi ang pagkabit ng mas malaking prosthesis.
Kung mas malaki ang prosthesis, inaasahan na ito ay mas mabigat, at hindi makakayanan ng pinahinang muscle ng esophagus, at magiging dahilan ng paglala pa lalo ng problema.

Gayunpaman, ang ilan ay naniniwala na ang paggamit ng isang mas malaking prosthesis na lapad ay mangangailangan ng mas mababang puwersa sa pagsasalita ng isang laryngectomee, mas magiging mainam ang daloy ng hangin at nagpapahintulot sa mas malawak na paghilom mg sugat. Sine-selyado din nang mas maayos ang butas kapag mas malaki ang prosthesis, kaya ang tagas ay naiiwasan.

Kapag may tagas ang prosthesis, ang tumagas na likido ay pumapasok sa baga, at magdudulot ng pulmonya. Kapag nasasamid ang laryngectomee, mas napapadalas at napapalakas ang pag-ubo, at maaaring pagmulan ng pagkakaroon ng luslos sa tiyan at sa singit.

Makukumpirma ang tagas kapag pinainom ang laryngectomee ng likidong may kulay at makikita amg likido na lumalabas sa paligid ng prosthesis. Sa paglipas ng panahon, matagal bago magsimulang tumagas ang prosthesis. Ang stoma ay unti unting masasanay sa kanyang bagong kapaligiran, at sa kalaunan ay mababawasan din ang produksyon ng plema.

At kapag unti unti na ding nasasanay ang pasyente sa pagsuot ng prosthesis sa kanyang stoma, mas maayos na niya maaalagaan ito. Ang mga pasyenteng may TEP ay kailangang masubaybayan nang regular ng speech pathologist/SLP dahil sa mga magiging pagbabago sa daanan ng hangin at pagkain. Maaaring kailanganin isaayos ang daanang ito na inaaasahang nagbabago sa paglipas ng panahon. Ang mga pagbabagong ito ay dulot ng mga epekto ng operasyon at radiation. Ang SLP ay ang pinaka eksperto na magpapayo ng angkop na uri at sukat ng prosthesis na ikakabit.

Nakakatulong din ang prosthesis sa pagtanggal ng pagkain na naiipon sa makipot na esophagus, kapag nagpuwersa ng hangin sa prosthesis.

Paano Iwasan Ang Pagtagas ng Prosthesis

Dapat linisin nang dalawang beses (o higit pa) maghapon, ang loob ng prosthesis, lalo na matapos kumain.
1. Bago gamitin ang brush (na kasama sa kahon na pinanggalingan ng prosthesis), ilublob ito nang ilang segundo sa isang tasa ng mainit na tubig.
2. Isuksok nang paikot ikot ang brush sa prosthesis (huwag masyadong malalim, hindi dapat umabot ang brush sa kabilang dulo ng prosthesis

para hindi masira ang valve na nakaharap patungo sa esophagus)
upang malinis ang loob ng aparato

3. Ilabas ang brush, banlawan ito ng mainit na tubig at ulitin ang proseso
   2-3 beses hanggang walang nang materyal na nakikita sa brush
4. Bombahin ng maligamgam na tubig ang loob ng prosthesis, gamit ang
   |bulb" na kasama sa kahon na pinanggalingan ng prosthesis nung binili
   ito. Siguraduhin na hindi mainit, kundi maligamgam, at malinis, ang
   tubig na gagamiting pang bomba sa loob ng prosthesis

Ang maligamgam na tubig ay mas epektibo kesa sa tubig na regular. Mas
napapatunaw niya ang mga duming naipon sa loob ng prosthesis, at posible din
makapatay ng ilang mga mikrobyo na tumutubo na sa loob ng prosthesis

Ano Ang Gagawin Kung Ang Mismong Prosthesis Ang May Tagas

Kung hindi ma-selyado nang maayos ang *valve flap* na nasa loob ng prosthesis
dahil may nasiksik na pagkain, o buhok, o uhog o aumang dumi, magkaka-
tagas sa mismong prosthesis. Maiiwasan ito sa maayos na paglinis ng
prosthesis.
Kung ang tagas ay napansin sa loob ng tatlong araw mula nang ikabit ang
prosthesis, maaaring depektibo ang aparato. O di kaya ay hindi tama ang
pagkakakabit nito. Puwedeng ikut ikutin ang prosthesis para matanggal ang
anumang dumi sa paligid ng valve. Kung patuloy pa din ang pagtagas, dapat
nang palitan ang aparato.

Ang pinakamadaling paraan para pansamantalang matigil ang pagtagas,
habang wala pang kapalit na bagong prosthesis, ay ang paggamit ng isang
plug, o pang pasak sa butas ng prosthesis. May partikular na plug sa bawat uri
ng prosthesis. Mainam na meron lagi nakahanda na plug na maaaring gamitin
anuman oras ng pangangailangan. Mabibili ang plug mula sa mga gumagawa
din ng prosthesis.

Kapag nakapasok ang plug, walang boses na lalabas mula sa laryngectomee, subalit makakakain at makakainom nang maayos ang pasyente, nang walang tagas. Puwedeng tanggalin ang plug kapag tapos na kumain at uminom, at ikabit na lang ulit kapag kakain o iinom. Ito ay isang pansamantalang solusyon hanggang sa mapalitan ang prosthesis.

Importanteng panatilihin na husto sa tubig ang katawan ng pasyente. Kapag mainit ang panahon, minumungkahi na manatili sa isang malamig na lugar ang pasyente upang maiwasan pagpawisan, na kalimitang dahilan ng pagkulang ng tubig sa katawan. Iwasan ang mga inuming may *caffeine*, gaya ng kape at mga softdrinks, na malakas magpa-ihi, na isang dahilan din para magkulang ng tubig sa katawan.

Minumungkahi din na uminom o kumain ng mga malapot na likido na mas iwas-tagas, tulad ng gelatin, sopas, *oatmeal*, yogurt, o tostadong tinapay na sinawsaw sa gatas.

Ang mga prutas at gulay, gaya ng pakwan at mansanas, ay naglalaman ng maraming likido. Ingatang subukan alinman sa mga ito, upang malaman ang mas angkop para sa pasyente.

Maaari ding subukan na lunukin ang likido na animo isa itong buong pagkain. Ito ay isang epektibong paraan para sa ilang mga laryngectomees.
Ang mga panukalang ito ay maaaring gamitin upang mapanatiling sapat sa tubig at nutrisyon ang pasyente, habang hindi pa napapalitan ang depektibong prosthesis.

Paglilinis ng Prosthesis

Dapat linisin nang dalawang beses (o higit pa) maghapon, ang loob ng prosthesis, lalo na matapos kumain, o kung humihina ang boses. Umpisahan ang linis, tanggalin ang mga naipong plema at dumi sa paligid ng prosthesis, gamit ang tiyani na bilugan ang dulo.

Kasunod nito, isuksok paikot-ikot ang brush sa loob para matanggal ang dumi. Banlawan ang brush ng maligamgam na tubig.

Pagkatapos ay bombahin ng maligamgam na tubig ang loob ng prosthesis gamit ang *bulb* na kasama sa kahon ng prosthesis.

Dahan dahang ilapat nang madiin ang *bulb* sa butas ng prosthesis at sigurahing ma-selyado ito. May tamang anggulo ang tamang paglapat ng *bulb*, at ang anggulo na ito ay maaaring magpa-iba iba sa iba-ibang pasyente. Ang speech pathologist ang tamang makakapagsabi ng tamang anggulo sa paglapat ng *bulb* kapag binobomba ang prosthesis. Dahan dahan lamang dapat ang pagbomba ng prosthesis, lalo na kapag tubig ang gamit. Kapag puwersado ang pagbomba ng tubig, baka sumabog lang ang tubig sa may stoma at pumasok sa daanan ng hangin at baga. Imbes na tubig, puwede ding hangin ang gamiting pang bomba sa prosthesis.

Basahin nang maigi ang mga tagubilin ng *manufacturer* ukol sa wastong paglinis ng prosthesis at brush at *bulb*. Ang brush ay dapat nang palitan kapag nalalagas na, o di kaya ay hindi na pantay pantay ang mga hibla nito.

Matapos gamitin, ang brush at *bulb* ay dapat linisin ng mainit na tubig, mas mainam na may sabon, at punasan ng tuyong tuwalya. Ilatag ito sa isang malinis na tuwalya at ibilad sa araw nang ilang oras. Makakatulong ang UV rays galing sa init ng araw upang mabawasan ang mga mikrobyo sa mga ito.

Upang mapanitiling malabnaw ang plema at iwasang tumigas ito at bumara sa prosthesis, rekomendasyon na maglagay ng 2-3cc ng *sterile saline* (o higit pa kung ang hangin ay tuyo) sa loob ng stoma, isuot ng HME maghapon at magdamag, at paggamit ng isang *humidifier*, isang aparato na nagdadagdag ng halumigmig sa hangin.

Pag-Iwas sa Pagtubo ng Lebadura (Yeast) sa Prosthesis

Ang pagtubo ng lebadura lalo na sa paligid ng *valve* ay isang dahilan ng pagtagas ng prosthesis, dahil hindi nagsasara nang maayos ang mga valve. Dahil bibilang din ng mahaba-habang panahon bago tuluyang dumami ang lebadura sa prosthesis, hindi ito dahilan ng pagtagas ng isang bagong kabit na prosthesis.

Kung lebadura ang dahilan ng pagtagas ng isang prosthesis, kailangan mapatunayan ito. Maaaring obserbahan ang pagdami ng lebadura na siyang humaharang sa maayos na pagsasara ng mga *valves.* Mas mainam kung kumuha at magpadala ng sample sa laboratory at doon patunayan kung anong uri ng lebadura ang tumubo, kung ang karaniwang lebadura (*Candida*), o iba.

Mycostatin, isang gamot kontra-amag (ang lebadura ay isang uri ng amag) ay madalas na ginagamit upang maiwasan ang pagdami ng lebadura sa prosthesis, at pagtagas nito. May tableta at likido na preparasyon ang Mycostatin. Ang mga tableta ay puwedeng tunawin sa tubig at ipainom.

Hindi dapat magbigay agad ng mga kontra-amag na gamot, kahit wala pang katunayan na may tumutubo nang lebadura. Bukod sa mahal ang gamot, maaaring magdulot ito ng mga mga hindi magandang side effects, at lalo lang magpatibay sa mga lebadura, ang tinatawag na *resistance.*

Subalit, may mga eksepsiyon sa panukalang ito. Ang mga pasyenteng Malala ang *diabetes*, o di kaya ay tumatanggap ng mga gamot na antibiotics, chemotherapy at steroids; sila ay inaasahang mataas ang posibilidad na bahayan ng lebadura, kung kaya ay pinangungunahan na agad ng gamot na kontra-amag.

Ang mga sumusunod ay mga paraan upang maiwasan amg pagdami ng lebadura sa prosthesis:

- Bawasan ang pagkonsumo ng pagkain at inumin mataas sa asukal. Kung ginawa man, siguraduhin mag-sipilyo nang mahusay.
- Sipilyuhin nang maayos ang mga ngipin matapos kumain at bago matulog.
- Kung ikaw ay may diabetes, siguraduhin maayos ang antas ng asukal sa katawan.
- Uminom ng antibiotics kung kinakailangan lamang.
- Kapag likidong gamot na kontra-amag ang ininom, huwag muna magmumog sa loob ng 30 minutos upang hayaang umepekto ang gamot sa loob ng bibig; subalit pagkaraan ng 30 minutos, magsipilyo na upang matanggal ang mga naiwan na gamot sa bibig, na naglalaman din ng asukal.
- Isawsaw ang prosthesis brush sa kaunting mycostatin, at gamiting panglinis ng loob ng prosthesis bago matulog. (Magtunaw ng ¼ tablet ng mycostatin sa 3-5mL ng tubig). Sa ganitong paraan, may kaunting maiiwan na mycostatin sa loob ng prosthesis. Dapat nang itapon ang natirang mycostatin na tinunaw. Huwag maglagay ng masyadong maraming mycostatin sa prosthesis upang maiwasan ang pagtulo papunta sa trachea. Ang akto ng pagsasalita ay magtutulak upang lalo pang pumasok ang mycostatin sa loob ng prosthesis.
- Mag konsumo ng probiotics sa pamamagitan ng pagkain ng yogurt o anumang probiotic na produkto.
- Dahan dahang sepilyuhin ang dila kung ito ay tinubuan na ng ledadura (mga puting *plaques* sa dila)
- Magpalit parati ng bagong sepilyo, lalo na kapag nasugpo na ang problema sa lebadura, upang maiwasan ang muling pagtubo ng lebadura galling sa lumang sepilyo.
- Panatilihing malinis palagi ang prosthesis brush.

Ang paggamit ng *Lactobacillus acidophilus* upang mapigilan ang pagdami ng lebadura

Ang probiotic na kadalasang ginagamit upang mapigilan ang labis na pagdami ng lebadura ay isang produktong naglalaman ng buhay na bakterya *Lactobacillus acidophilus.* Walang pang approval galing sa FDA na nagpapatunay sa bisa ng L. acidophilus kontra sa lebadura. Kung kaya ang bisa nito ay hindi pa tuluyang napag-aaralan at napatunayan. Ang L. acidophilus probiotic ay binebenta bilang isang supplement lamang at hindi bilang gamot. Ang rekomendadong dosis ng pag konsumo ng L. acidophilus ay nasa pagitan ng 1 hanggang 10 bilyong bakterya, na tumutumbas sa pag inom ng 1 hanggang 3 tableta ng L. acidophilus sa maghapon.

Sa pangkalahatan, ang L. acidophilus ay pinaniniwalaang ligtas at kakaunti lamang ang side effects. Gayunpaman, ito ay hindi dapat ibigay sa mga taong may sira sa bituka, bagsak ang resistensiya, at sa mga taong may impeksiyon sa bituka. Posibleng lalo lang mapapasama ang L. acidophilus sa kondisyon ng mga pasyenteng ito. Kaya mahalaga na laging ikokonsulta sa inyong doktor kapag umiinom ng *L. acidophilus*.

KABANATA #11:
PAGKAIN, PAGLUNOK, AT PAG-AMOY
(Anna Lore Ignacio, MD)

Ang pagkain, paglunok, at pag-amoy ay maiiba matapos ang "laryngectomy". Ito ay dahil sa ang radiation therapy (RT) at operasyon ay lumilikha ng mga permanente at habang buhay na pagbabago. Ang RT ay maaaring maging sanhi ng *fibrosis* o peklat o pagdidikit-dikit ng mga muscle ng pagnguya, namaaaring humantong sa kawalan ng kakayahang buksan ang bibig (*trismus* o paninigas ng panga). Ang mga problema sa pagkain at paglunok ay maaari ding dahil sa pagkabawas ng laway at pagkipot ng lalamunan. Nawawala din ang normal na paggalaw ng muscle sa lalamunan kapag gumamit ng *flap reconstruction*. Ang pangamoy ay apektado rin dahil hindi na dumadaan sa ilong ang hangin.

Sakop ng kabanata na ito ang mga problema sa pagkain at pang-amoy ng mga laryngectomees, at kung paano ito maaaring lutasin. Kabilang dito ang mga problema sa paglunok, ang *reflux* ng pagkain, pagsikip ng daanan ng pagkain, at hirap sa pagamoy.

Ang pagpapanatili ng sapat na nutrisyon bilang laryngectomee

Ang pagkain ay maaaring maging isang pang habang buhay na hamon para sa mga laryngectomees. Ito ay dahil sa hirap sa paglunok, bawas sa produksyon ng laway (na nagpapadali sa pagnguya at paglunok), at ang pagbabago sa kakayahan sa pag amoy.

Nagiging mahirap makakain ng marami ang isang laryngectomee dahil sa pangangailangan na magkonsumo ng maraming likido o sabaw. Ito ay dahil napupuno na kaagad-agad ng likido ang tiyan, at wala ng natitira na lugar para sa pagkain. Dahil na kokonsumo ang likido sa mas maikling oras, ang mga laryngectomee ay nagkokonsumo ng mas madalas na maliit na pagkain sa halip na madalang na maraming pagkain. Nagiging madalas ang pagihi sa araw at gabi ng laryngectomee, na nakakasira sa pagtulog at pagpapahinga. Maaari itong maging sanhi ng pagod. Maaari din makasama ang masyadong madaming pagkonsumo ng likido sa mga taong merong problema sa puso. Makakatulong ang pagkain ng mga pagkain na nanantili ng matagal sa tiyan (mga pagkain na mataas sa protina tulad ng kesong puti, karne, mani) sa pagbawas ng beses ng pagkain sa isang araw at pagkonsumo ng likido. Mahalaga na malaman kung paano kumain na hindi sumosobra sa kinokonsumong likido. Halimbawa, ang pagaayos ng problema sa paglunok ay maaaring makabawas sa pangangailangan na pagkonsumo ng maraming likido, habang ang pagkonsumo ng mas kaunting likido bago matulog ay maaaring makatulong sa himbing ng pagtulog.

Maaaring paigihin ang nutrisyon sa pamamagitan ng:
☐ Pagkonsumo ng sapat, ngunit hindi sobrang likido
☐ Pag-inom ng mas kaunting likido sa gabi
☐ Pagkain ng masustansyang pagkain
☐ Pagkain ng pagkain na mababa sa "carbohydrate" at mataas sa protina (ang mga pagkain na mataas sa asukal ay maaaring magdulot ng pagdami ng kolonisasyon ng amag)
☐ Pagkonsulta sa isang dietitian

Mahalaga na matiyak na ang isang laryngectomee ay sumusunod sa isang sapat at balanseng nutrition "plan" na naglalaman ng tamang mga sangkap, sa kabila ng mga paghihirap sa kanilang pagkain. Ang diet na may mababang "carbohydrate" at mataas sa protina, na mayroong mga bitamina at mineral "supplements" ay mahalaga. Ang pagtutulongan ng mga nutritionists, speech at language pathologists (SLPs), at mga manggagamot sa pagsiguro ng pananatili ng timbang ng laryngectomee ay lubhang kapaki-pakinabang.

Paano mag-alis (o lunukin) ng pagkain na nabara sa lalamunan

Ang ilang mga laryngectomees ay nakakaranas ng pagbabara ng pagkain o pananatili ng pagkain sa likod ng kanilang mga lalamunan.

Ang pagtanggal ng pagbabarang ito ay maaaring matulungan ng mga sumusunod na pamamaraan:

1. Una, huwag maunahan ng pagkatakot. Tandaan na hindi ka maaaring mahirapan huminga dahil, bilang laryngectomee, ang iyong daanan ng hangin ay ganap na hiwalay mula sa daanan ng pagkain.

2. Subukan ang pag-inom ng ilang mga likido (mas maganda mainit-init) upang pilitin ang pagkain na bumaba, sa pamamagitan ng pagtaas ng presyon sa iyong bibig.

Kung hindi gumagana ang mga nasa itaas -

3. Kung ikaw ay mayroong tracheoesophageal fistula, subukan na magsalita. Ito ay makakatulong itulak ang pagkain sa itaas ng fistula, at madala ang pagkain sa likod ng lalamunan. Subukan muna ito nang nakatayo at kung hindi gumana, subukan yumuko sa lababo at subukan magsalita.

Kung ito ay hindi pa rin gumagana -

4. Yumuko paharap (sa harap ng lababo o magkimkim ng "tissue" sa ibabaw ng bibig). Siguraduhing ang bibig ay mas mababa sa dibdib, at maglapat ng bigat sa tiyan sa pamamagitan ng iyong mga kamay. Ito ay magpepwersa ng mga nilalaman ng tiyan paitaas at maaaring makatanggal ng bara.

Ang mga pamamaraan na nasa itaas ay gumagana sa karamihan ng mga tao. Gayunman, iba-iba ang mga pangangailangan ng mga tao, at kailangan mageksperimento at hanapin ang mga pamamaraan na pinakaminam para sa isa. Ang paglunok ay nagiging madali sa maraming laryngectomees paglipas ng panahon.

Ang ilang mga laryngectomees ay nakakapagalis ng bara sa pamamagitan ng dahan-dahang pagmasahe sa kanilang lalamunan, paglalakad ng ilang minuto, pagtalon, pag-upo at pagtayo ng ilang beses, ang paghampas sa kanilang mga dibdib o sa likod, paggamit ng isang "suction machine "na may sunda hanggang sa likod ng kanilang lalamunan, o kaya'y naghihintay para bumaba ang pagkain.

Kung walang gumagana sa mga nasa itaas, kinakailangan na magpunta sa doktor na otolaryngologist o pumunta sa isang emergency room upang maalis ang bara.

Pagkain at acid reflux sa tiyan

Karamihan ng laryngectomees ay madaling magkaroon ng kondisyon na gastroesophageal reflux disease, o GERD.
Mayroong dalawang "muscle" o "sphincters" sa lalamunan na pumipigil sa pagbalik ng pagkain paitaas. Ang isang "sphincter" ay matatagpuan kung saan pumapasok sa tiyan ang lalamunan at ang isa naman ay nasa likod ng gawaan ng boses, sa simula ng daanan ng pagkain sa leeg. Ang mas mababang "esophageal sphincter" ay madalas na nakompromiso kapag may "hiatus hernia", isang kondisyon na matatagpuan sa higit sa tatlong-kapat na taong may edad na higit sa setenta. Kapag ginagawa ang operasyon na laryngectomy, ang esophageal sphincter (ang cricopharyngeus) na normal na pumipigil sa pagbalik ng pagkain sa bibig ay tinatanggal. Nagiging malambot ang itaas na bahagi ng lalamunan at nanatiling bukas, na maaaring magresulta sa reflux o pagbalik ng mga nilalaman ng tiyan papunta sa lalamunan at bibig. Dahil dito, ang pagbalik ng asido sa tiyan at pagkain, papunta sa bibig, lalo na sa unang oras matapos kumain, ay maaaring mangyari kapag yumuko o humiga. Ito ay maaari ring mangyari sa mga mayroong tracheoesophageal fistula kapag malakas ang pagbuga ng hangin habang sumusubok magsalita.

Ang paginom ng mga gamot na bumabawas sa asido sa tiyan katulad ng antacids at proton pump inhibitors (ppi), ay maaaring magpakalma sa mga side effects ng reflux, tulad ng pangangati ng lalamunan, mga pinsala sa gilagid at masamang lasa. Makakatulong din para maiwasan ang reflux ang hindi agad agad na paghiga pagkatapos kumakain. Ang pagkain ng paunti-unti ngunit maraming beses ay makakatulong din.

Ang mga sintomas at paraan ng paggamot ng acid reflux. Ang acid refluxay nangyayari kapag ang asido na normal na nasa tiyan ay umaakyat sa lalamunan. Ang kondisyon na ito ay tinatawag ding "gastroesophageal reflux disease," o GERD.

Ang mga sintomas ng acid reflux ayang mga sumusunod:
• Pag-iinit ng dibdib (heartburn)
• Lasa ng asido sa lalamunan
• pananakit ng dibdib o tiyan
• Hirap sa paglunok
• Paos o namamagang lalamunan
• Hindi maipaliwanag na ubo (hindi nangyayari sa mga laryngectomees maliban kung ang prosthesis ay may "leak")
• Sa laryngectomees: pagkakaroon ng maliit na laman sa paligid ang "voice prosthesis", maikling buhay ng "voice prosthesis"

Ilang paraan para mabawasan o maiwasan ang "acid reflux":
• Ang pagbabawas ng timbang (para sa mga taong sobrang timbang)
• Pagbawas stress at pagsasanay ng "relaxation techniques"
• Pag-iwas sa mga pagkain na nagpapalala ng mga sintomas (tulad ng kape, tsokolate, alak, mint, at mataba pagkain)
• Pagtigil sa paninigarilyo at pagkakalantad sa usok
• Ang pagkain ng paunti-unti na pagkain na maraming beses sa isang araw, sa halip na malalaking pagkain
• Maupo ng diretso kapag kumakain at manataling nakaupo ng 30-60 minuto
• Umiwas sa paghiga, hanggang tatlong oras matapos kumain
• Pagtaas ng ulonan ng kama, ng mga 6-8 pulgada (sa pamamagitan ng paglalagay ng mga bloke ng kahoy sa ilalim ng dalawang paa ng kama o ng isang kalso sa ilalim ng kutson) o sa pamamagitan ng paggamit ng unan para maitaas ang itaas na bahagi ng katawan na hindi bababa sa 45 degrees
• Paggamit ng gamot na bumabawas sa produksyon ng asido sa sikmura
• Kapag yumuyuko, gamitin ang tuhod sa halip na yumuko gamit ang katawan

Gamot para sa acid reflux.

May tatlong uri ng mga gamot na maaaring makatulong na mabawasan ang mga sintomas ng acid reflux: antacids, histamine H2-receptor antagonists (kilala rin bilang H2 blocker), at proton pump inhibitors. Ang mga gamot na ito ay gumagana sa iba't ibang paraan. Ang mga likido na antacids sa pangkalahatan ay mas aktibo kaysa sa mga tableta, at mas gumagana pagkatapos kumain o bago humiga, ngunit mabilis lang ang bisa nito. Ang mga H2 blocker (eg, Pepcid, Tagamet, Zantac) ay gumagana sa pamamagitan ng pagbabawas ng dami ng asido na ginawa ng tiyan. Mas matagal ang bisa ng H2 blocker kaysa sa mga antacids at maaaring maibsan ang mga banayad na sintomas. Karamihan ng mga H2 blocker ay mabibili nang walang reseta. Ang mga proton pump inhibitors (eg, Prilosec, Nexium, Prevacid, Aciphex) ay ang pinaka-epektibo na gamot sa paggamot ng GERD. Ang ilan sa mga gamot ito ay maaaring mabili nang walang reseta. Maaaring makaapekto ang gamot na ito sa pag"absorb" ng calcium sa katawan. Kailangan bantayan ang antas ng calcium sa katawan ng pasyente habang umiinom ng gamot na ito, at mabigyan ng "calcium supplement" kung kinakailangan.
Magpakonsuta sadoktor kung ang mga sintomas ng GERD ay malubha o matagal ng nararamdaman.

Pagsasalita habang kumakain at pagkatapos ng laryngectomy

Ang mga laryngectomees na nagsasalita sa pamamagitan ng isang "tracheoesophageal voice prosthesis" ay nakakaranas ng hirap sa pagsasalita kapag sila ay lumulunok. Ito ay lalong mahirap sa panahon na dumadaan ang pagkain sa lugar ng "tracheoesophageal fistula". Ang pagsasalita sa panahon na ito ay magaralgal o "bubbly". Ito ay dahil dumadaan ang hangin na panggawa ng boses sa pagkain o likido. Sa mga laryngectomee na nagamitan ng "flap reconstruction", mas matagal pa ang proseso ng pagbaba ng pagkain. Ito ay dahil ang "flap" na ginamit ay walang normal na peristalsis (paglambot at pagtigas ng daanan ng pagkain), at ang pagkain ay bumababa lamang gamit ang "gravity".

Mahalaga ang pagkain ng dahan-dahan, paghalo ng mga pagkain sa likido habang nginunguya at hayaan na ang mga pagkain ay lumampas sa lugar ng TEP bago subukan magsalita. Sa paglipas ng panahon, natututunan din ng laryngectomees kung gaano karaming oras ang kinakailangan hintayin habang lumulunok para makapagsalita. Makakatulong ang pag-inom ng tubig bago tangkaing magsalita pagkatapos kumain.

May mga pagsasanay sa paglunok at pagsasalita ang mga speech at language pathologist (SLP) na maaaring maituro sa laryngectomee na maaaring makatulong.

Paghirap sa paglunok

Karamihan sa mga laryngectomees ay nakakaranas ng problema sa paglunok (dysphagia) pagkatapos ng kanilang operasyon. Dahil ang paglunok ay nangangailangan ng koordinasyon ng higit sa dalawampung muscle at ilang ugat, ang pinsala na dulot ng operasyon o "radiation" ay maaaring magbigay ng hirap sa paglunok. Ang karamihan ng mga laryngectomees ay muling natututo kung paano lumunok na may minimal na hirap. Ang ilan ay maaaring kailangan lamang gumawa ng mga simpleng pagbabago sa pagkain tulad ng pagsubo ng mas maliit na bahagi, pagnguya ng mas maigi, at pag-inom ng mas maraming likido habang kumakain. Ang ilang nakakaranas ng mas mas seryosong problema sa paglunok ay kailangan kumonsulta sa mga speech at language pathologist na nagpakadalubhasa sa mga problema sa paglunok. Ang mga pagbabago sa paglunok ay nangyayari matapos ang isang laryngectomy at maaaring higit pang gawing komplikado ng radiation at chemotherapy. Umaabot sa limampung porsiyento ng mga pasyente ng laryngectomy ang nagkakaroon ng hirap sa paglunok, at kung hindi natugunan, maaari itong humantong sa malnutrisyon. Karamihan sa mga kahirapan sa paglunok ay napapansin pagkalabas na mula sa ospital. Maaari ito mangyari kapag masyadong mabilis ang pagkain at hindi ngumunguya ng mabuti.

Maaari rin ito mangyari kapag nagkaroon ng sugat sa itaas na lalamunan kung makakain ng isang matalim na piraso ng pagkain o pag-inom ng masyadong mainit na likido. Ito ay maaaring maging sanhi ng pamamaga na maaaring tumagal ng isang araw o dalawa.

Ang problema sa paglunok (o dysphagia) ay karaniwan nangyayri pagkatapos ng total laryngectomy. Ang problemang ito ay maaaring pansamantala o pangmatagalan. Ang mga maaaring mangyari kapag nagkaroon ng problema sa paglunok ay pagbaba ng estado ng nutrisyon, pagkakaroon nga limitasyon sa panlipunang sitwasyon at pagpangit nga kalidad ng buhay.

Ang mga pasyente ay nakakaranas ng mga paghihirap sa paglunok bilang resulta ng:
- Abnormal na pagalaw ng mga muscle sa pharynx (dysmotility)
- "cricopharyngeal dysfunction" ng cricoid cartilage at pharynx
- Bawas na lakas ng paggalaw ng puno ng dila
- Pagkakaroon ng tiklop sa mga mucous membrane o peklat sa puno ng dila na tinatawag na "pseudoepiglottis". Maaaring maipon ang pagkain sa pagitan ng pseudoepiglottis at ng puno ng dila
- Hirap sa paggalaw ng dila, pagnguya, at pagdala nga pagkain sa likuran ng bibig, dahil sa pagkakaalis ng buto na hyoid at iba pang mga estruktural na mga pagbabago
- Ang pagkipot sa loob ng lalaugan o lalamunan ay maaaring makabawas sa pagbaba ng pagkain na humahantong sa pag-iipon nito
- Pagkakaroon ng isang supot (diverticulum) sa gilid ng daanan ng pagkain na maaaring magipon nga pagkain ng tuluy-tuloy at nagreresulta sa pagiwan ng pagkain sa itaas ng lalamunan

Ang mga laryngectomee ay karaniwang hindi pinahihintulutan na lumunok ng pagkain kaagad matapos ang operasyon at karaniwan ay kumakain sa pamamgitan ng tubo sa loob nga dalawa hanggang tatlong linggo. Ang tubo na ito ay ipinapasok sa tiyan sa pamamagitan ng pagdaan ilong, bibig o ang butas sa "tracheoesophagus". Dito ipinapadaan ang pagkain na likido. Ang kasanayan na ito, gayunpaman, ay dahan-dahan na pagbabago; May mga bagong paniniwala na na sa "standard" o pangkaraniwan na operasyon, ang pagkain gamit ang bibig ay maaaring magsimula, gamit ang malabnaw na likido, 24 oras lamang matapos ang operasyon. Ito ay maaari ring makatulong sa paglunok dahil ang mga muscle na ginagamit sa paglunok ay patuloy na nagagamit.

Matapos ang isang pangyayari na ang pagkain ay nagbara sa itaas ng lalamunan, maaaring maging mahirap ang paglunok ulit ng mga isa or dalawang araw. Marahil ito ay dahil sa mga lokal na pamamaga sa likod ng lalamunan. Karaniwan ay mawawala din ito matapos ng ilang panahon.

Mga paraan upang maiwasan ang naturang pangyayari:
• Dahan dahan at matiyagang pagkain
• Pagkuha ng maliit na bahagi ng pagkain at maiging pagnguya
• Paglunok ng mas maliit na bahagi ng pagkain at laging paghahalo nito sa likido sa bibig bago lunukin. Mas nakakatulong ang maligamgam na tubig sa paglunok.

• Pagtulak ng pagkain gamit ang mga likido kung kinakailangan (mainit-init na likido ay maaaring mas gumana para sa ilang mga indibidwal).
• Pag-iwas sa pagkain na malalagkit o mahirap nguyain. Kailangan malaman ng isang laryngectomee kung aling mga pagkain ang mahirap/madali kainin. Ang ilang mga pagkain ay madaling lunukin (eg, toasted o tuyo na tinapay, yogurt, at saging) at iba ay may posibilidad na maging sticky (eg, mansanas na may balat, litsugas at iba pang madahong mga gulay, at steak). Ang hirap sa paglunok ay maaaring mapabuti ng panahon. Gayunman, pagpapaluwang ng lalamunan ay maaaring kinakailangan gawin kung ang pagsikip nito ay permanente. Ang naturang pagsikip ay maaaring masuri ng eksaminasyon ng paglunok. Ang pagpapaluwang ay kadalasang ginagawa ng isang otolaryngologist o isang gastroenterologist (tingnan pagluwang ng

lalamunan, pahina 96.)

Mga Pagsubok na ginagamit para sa pagsusuri ng swallowing kahirapan

May limang pangunahing mga eksaminasyon na maaaring magamit para sa pagsusuri ng problema sa paglunok:

- Barium swallow ng radiography
- Videofluoroscopy (motion X-ray na pag-aaral)
- Upper endoscopic exam ng paglunok
- Fiberoptic nasopharyngeal laryngoscopy
- Esophageal manometry (hakbang lalamunan kalamnan contraction)

Ang eksaminasyon ay pinipili ayon sa mga klinikal na kondisyon.

Videofluoroscopy ay karaniwang ang unang eksaminasyon na ginagawa sa karamihan sa mga pasyente. Narerekord ang paglunok habang ginagawa ang fluoroscopy. Sa fluoroscopy nakikita ng maayos ang lahat ng kaganapan na bumubuo sa isang lunok ng pasyente; ngunit ito ay limitado lamang sa lalamunan na nasa leeg. Ang video, na kinunan mula sa parehong harap at gilid ng pasyente, ay maaaring pabagalin habang pinapanood upang mas makita ng mas mabuti ang eksaminasyon. Ito ay nakakatulong na matukoy ang abnormal na paggalaw ng pagkain, tulad ng pagpasok ng pagkain sa daanan ng hangin, pag-iipon ng pagkain, paggalaw ng mga parte ng lalamunan, paggalaw ng mga muscle, at eksaktong paggalaw ng pagkain sa bibig at lalamunan. Ang mga side effects ng iba't-ibang "barium consistencies" at mga posisyon ng leeg ay maaaring masubukan. Malapot o "solid food boluses" ay maaaring gamitin para sa mga pasyente na nagrereklamo ng hirap paglunok ng "solid food".

Kitid ng lalamunan at hirap sa paglunok

Ang "stricture" sa "esophagus" ay pagkipot sa kahabaan ng lalamunan na ginagawang mahirap ang pagdaan ng pagkain, na nagreresulta sa pagkakaroon ng isang "hour-glass configuration" ng lalamunan.

Ang mga "stricture" matapos ang laryngectomy ay maaaring dahil saside effects ng radiation at sa higpit ng pagkasasara o pagkakatahi sa operasyon; ito ay maaari ring dulot ng dahan-dahan ng pagkakaroon ng peklat sa daanan ng pagkain.

Ang mga maaaring gawin para matulungan ang mga pasyente para dito ay ang mga sumusunod:
- Pagbabago sa pagkain at postura
- Myotomy (pagputol ng kalamnan)
- Pagluwang (tingnan sa ibaba)

Ang "free flap" na minsan ay ginagamit sa operasyon ng daanan ng pagkain ay walang "peristalsis", kaya nagiging mas mahirap ang paglunok. Sa ganitong mga kaso, ang pagbaba ng pagkain sa tiyan ay sa pamamagitan ng "gravity". Ang tagal para ang pagkain ay umabot sa tiyan ay iba-iba sa bawat tao, at maaaring magtagal mula 5 hanggang 10 segundo.

Ang pagnguya ng mabuti ng pagkain at paghahalo nito sa likido sa bibig bago ang paglunok ay kapaki-pakinabang, gaya ng paglunok ng maliit na bahagi ng pagkain sa bawat lunok, at paghihintay nitong bumaba. Ang pag-inom likido bago lumunok ng matigas na pagkain ay mainam sa pagtulak ng pagkain. Nagiging mas matagal ang pagkain; kaya naman dapat maging matiyaga at gawin ang lahat na knakailangan upang tapusin ang pagkain.

Ang pamamaga matapos ang operasyon ay bumubuti paglipas ng panahon, kaya naman ang pagkitid ng lalamunan ay bumubuti, ang paglunok ay dumadali. Dapat tandaan na ang paglunok ay maaaring bumuti matapos ang ilang buwan matapos ang operasyon. Subalit, kung ang pagbuting ito ay hindi mangyari, ang pagpapaluwang ng lalamunan ay isang opsyon.

Pagluwang ng lalamunan

Ang pagkitid ng lalamunan ay isang karaniwan na kinahihinatnan ng laryngectomy; ang pagpapaluwang ng makipot na lalamunan ay madalas na kinkailangang gawin upang muling buksan ito. Ang pagpapaluwang na ito ay karaniwang kailangan gawin ng paulit-ulit at ang dalas ng paggawa ay nag-iiba sa bawat indibidwal. Sa ilang mga tao, ito ay isang panghabang buhay na pangangailangan, samantalang sa iba naman ay maaaring manatiling bukas ang daanana pagkatapos ng ilang paggawa lamang. Ang proseso ng pagpapaluwang ay nangangailangan ng pampatulog at pampamanhid dahil ito ay masakit. Ilang "dilators" na may laki na palapad na palapad ay inilalagay sa lalamunan para mapalapad ito ng dahan-dahan. Habang ang proseso na ito ay naipahihiwalay ang "fibrosis" o pagdidikit dikit ng muscle, ang kundisyon ay maaari paring bumalik.

Kung minsan ang isang lobo, sa halip na isang mahabang dilator, ay ginagamit sa pagpapaluwag ng makipot na daanan ng pagkain. Ang isa pang paraan na maaaring makatulong ay ang paggamit ng mga steroid na iniinject sa lalamunan. Ang pagpapaluwang ay ginagawa ng isang otolaryngologist o isang gastroenterologist, ngunit sa ilang mga kaso, maaari itong magawa ng mga pasyente sa bahay. Para sa mahihirap na mga kaso, maaaring kailanganin ang operasyon upang alisin ang mga seksyon na makitid at palitan ito ng "graft".

Dahil ang pagpaluwang ay pinaghihiwa-hiwalay ang "fibrosis" o nagdikit dikit na laman, maaaring makaramdam na matagal na panankit. Maaaring gumamit ng mga gamot na pangkirot para makaginhawa.

Paggamit ng Botox®

Ang Botox® ay isang "pharmaceutical" na preperasyon ng toxin A na mula sa Clostridium botulinum, isang "anaerobic bacteria" na sanhi ng "botulism", isang sakit na nagdudulot ng pagiging paralisado ng muscle. Ang "Botulinum toxin" ay nagdudulot ng bahagyang pagkaparalisa ng mga muscle sa pamamagitan ng paggana sa kanilang "presynaptic cholinergic nerve fibers" sa pamamagitan ng pagpigil ng paglabas ng acetylcholine sa "neuromuscular junction". Sa maliit na "dose" maaari itong gamitin upang pansamantalang maparalisa ang mga kalamnan o muscle mula tatlo hanggang apat na buwan. Ito ay ginagamit upang makontrol ang mga "spasm" sa kalamnan, labis na pagpipikit ng mata, at para sa pagtanggal ng mga kulubot sa balat. Hindi karaniwan naside effects ay pangkalahatan na kahinaan ng mga kalamnan at bihira ang kamatayan. Para sa ilang indibidwal, ang iniksyon ng Botox® ay naging opsyon upang mapabuti ang paglunok at pagsasalita (trachea-esophageal speech) matapos laryngectomy.

Para sa mga laryngectomees, ang iniksyon ng Botox® ay ginagamit upang mabawasan ang "hypertonicity" at "spasm" ng "vibrating segment", na nagreresulta sa isang "esophageal o trachea-esophageal" boses na nangangailangan ng mas kaunting paghihirap upang mabuo. Gayunman, ito ay epektibo lamang para sa "overactive" na muscle o kalamnan at maaaring mangailangan ng pag-iiniksyon ng relatibong malaking "doses" sa kalamnan. Maaari rin itong gamitin upang mag-relaks ang muscle o kalamnan sa panga kapag nakakaranas ng hirap sa paglunok. Hindi ito maaaring makatulong sa mga kondisyon na hindi dahil sa "spasm" ng kalamnan tulad ng "esophageal diverticula", pagkipot dahil sa "fibrosis" pagkatapos radiation, at peklat matapos ang operasyon.

Ang paninigas ng "constrictor muscle" o "pharyngoesophageal spasm" (PES) ay isang karaniwang dahilan para hindi gumana ang "tracheo-esophageal" na pagsasalita matapos ang laryngectomy. Ang paninigas ng "constrictor muscle" ay maaaring magpataas ng "peak intra-esophageal pressure" sa panahon ng pagsasalita, na nagiging sagabal sa matatas na salita. Maaari rin itong maistorbo ang paglunok sa pamamagitan ng pagsagabal sa pagdaan ng pagkain sa "pharynx".

Maaaring gawin ang paginiksyon ng Botox® ng otolaryngologists sa clinic. Ang iniksyon ay maaaring padaanin sa balat o sa pamamagitan ng "esophago-gastro-duodenoscope". Ang iniksyon na idinadaan sa balat papunta sa "pharyngeal constrictor muscle" at sa isang bahagi ng "neopharynx" ay gingawa sa itaas at sa gilid ng butas sa leeg (stoma).

Ang iniksyon sa pamamagitan ng isang "esophago-gastro-duodenoscope" ay maaaring isagawa kapag hindi maaaring gawin ang iniksyon na idinadaan sa balat. Ang pamamaraan na ito ay ginagamit sa mga pasyente na may malubhang "post-radiation fibrosis", pagkakakaiba sa "anatomy" ng leeg, at kawalan ng kakayahan matiis ang iniksyon sa balat. Ang pamamaraan na ito ay nagbibigay-daan sa direktang pagsilip at mas tumpak na paginiksyon. Ang iniksyon ay madalas na ginagawa ng isang gastroenterologist at sinusundan ng banayad na pagpapaluwang sa pamamagitan ng paggamit ng lobo pangmasahe, upang mapadali ang pamamahagi ng Botox®.

Pharyngo-cutaneous fistula

A "pharyngo-cutaneous fistula" ay isang abnormal na koneksyon sa pagitan ng "pharyngeal mucosa" sa balat. Kadalasan, ang laway na lumalabas ay nanggagaling sa lugar ng "pharynx" na tinahi papunta sa balat. Nagpapahiwatig ito ng pagkasira ng pagkakatahi sa "pharynx". Ito ay ang pinaka-karaniwang komplikasyon matapos ang "laryngectomy" at karaniwang nangyayari pito hanggang sampung araw matapos ang operasyon. Ang pagkakaroon ng dating "radiation" ay isang pinakakaraniwan na kadahilanan nito. Hindi maaaring kumain gamit ang bibig habang hindi pa gumagaling ang butas na ito, o maiayos sa operasyon.

Ang pagsasara ng fistula ay maaaring malaman sa pamamagitan ng isang "dye test" (tulad ng paglunok ng methylene blue na lumilitaw sa balat kung mayroon pang "fistula") at / o sa pamamagitan ng "radiographic contrast study".

Pangamoy pagkatapos laryngectomy

Ang mga laryngectomees ay maaaring makaranas ng problema sa kanilang pang-amoy. Ito ay sa kabila ng katotohanan na hindi nasasama ang mga ugat sa pang-amoy o "olfaction" sa karaniwan na "laryngectomy surgery". Ang nagbago, gayunpaman, ay ang pagdaan ng hangin kapag humihinga. Bago ang isang laryngectomy, ang daloy ng hangin papunta sa baga ay sa pamamagitan ng ilong at bibig. Ang daanan na ito sa pamamagitan ng ilong ay nagbibigay-daan para ang mga amoy o "scents" ay makarating sa "nerve endings" sa ilong na responsable para sa pang-amoy.

Pagkatapos ng isang "laryngectomy", ang daloy ng hangin ay hindi na sa pamamagitan ng ilong. Ito ay maaaring maramdaman bilang isang pagkawala ng amoy. Ang "polite yawn technique" ay maaaring makatulong sa laryngectomees mabawi ang kanilang pangamoy. Ang pamamaraan na ito ay kilala bilang ang "polite yawn technique" dahil ang mga paggalaw na ginagawa ay katulad sa mga ginagamit kapag ang isang tao ay nagtatangkang humikab na sarado ang bibig. Ang mabilis na paggalaw pababa ng panga at dila habang pinapanatili ang mga labi na sarado, ay bumubuo ng isang banayad na "vacuum", na magdudulot ng pagpunta ng hangin sa ilong at pag-"detect" ng anumang amoy. Sa pamamagitan ng pagsasanay, posibleng makamit ang parehong "vacuum" gamit ang mas banayad (ngunit epektibong) paggalaw ng dila.

KABANATA #12:
MGA ISYUNG MEDIKAL PAGKATAPOS NG RADIATION AT OPERASYON: PAGKONTROL SA KIROT O PAIN MANAGEMENT, PAGKALAT NG CANCER, HYPOTHYROIDISM, AT PAG-IWAS SA MGA PAGKAKAMALING MEDIKAL
(Kathleen Fellizar-Lopez, MD)

Ang bahaging ito ay naglalarawan ng iba't ibang mga isyung medikal na nakakaapekto sa mga laryngectomees.

Ang *hypertension* o mataas na presyon ng dugo ay tinatalakay sa KABANATA #3, at *lymphedema* sa KABANATA #5.

Pagkontrol sa kirot o pain management

Maraming mga pasyente ng cancer at mga nakaligtas dito ang nakararanas ng pagkirot ng bahagi ng katawan. Ang pain o pagkirot ay isa sa mga mahalagang palatandaan ng cancer at maaaring maging signos na mayroon nito sa katawan. Hindi ito dapat bale-walain at dapat mag-udyok sa isang tao upang magpatingin sa doktor. Iba-bang lakas at kalidad ang sakit o kirot na nauugnay sa cancer. Maaari itong nararamdaman ng tuloy-tuloy o pabalik-balik. Maaari din itong banayad lamang, katamtaman o matinding pagkirot. Ang pagkirot ay maaaring maidulot ng isang tumor na lumalaki at umiipit o sumisira sa kalapit na mga tisyu o bahagi ng katawan. Habang lumalaki ang tumor, maaari itong maging sanhi ng pagkirot sa pamamagitan ng pag-ipit sa mga kalapit na ugat, mga buto o iba pang mga bahagi ng katawan. Ang cancersa ulo at leeg ay maaari ding sumira at bumutas sa mucosa atmaaaring mapasukan ng bakterya na nakikita sa laway at bibig.Higit pa ang posibilidad na makaramdam ng pagkirot sa cancer na kumalat o umulit sa katawan.

Maaari ding makaramdam ng kirot mula sa iba't ibang kagamotan para sa cancer, katulad ng chemotherapy, radiation at operasyon. Ang kemoterapiya ay maaaring magdulot ng pagtatae, mga singaw sa bibig, at pinsala sa ugat. Ang radiation sa ulo at leeg ay maaaring maging sanhi ng masakit at mahapding pakiramdam sa balat at bibig, paninigas ng kalamnan at pinsala sa ugat. Maaaring makaramdam ng kirot pagkatapos ng operasyon o pagtanggal ng bukol. Ito din ay maaaring magresulta sa kaibahan sa itsura o mga peklat at marka sa katawan na maaaring matagalan bago gumaling o mapabuti.

Ang kirot mula sa cancer o *cancer pain* ay maaaring gamotin sa iba't ibang paraan. Ang pinakamainam na paraan ay ang pagtanggal sa pinagmumulan ng kirot sa pamamagitan ng radiation, chemotherapy o operasyon, kung ito ay maaari.

Gayunpaman, kung hindi ito posible, may iba pang alternatibong paraan na kinabibilangna ng gamot para sa kirot, *nerve blocks*, acupuncture, acupressure, pagmamasahe, *physical therapy*, meditasyon, pagpapahinga o *relaxation*, at kahit katatawanan. Mga espesyalista sa kirot o *pain management* ay maaari ding mag-alok ng mga alternatibong paraan na ito.

Ang mga gamot para sa kirot ay maaaring tabletang nilulunok, tabletang tinutunaw sa tubig at iniinom, pinadadaan sa ugat (*intravenous*), tinuturok sa kalamnan (*intramuscular*), pinadadaan sa puwit (*rectal*) o bilang isang *skin patch*. Kabilang sa mga gamot para sa kirot ang: analgesics (hal. aspirin, acetaminophen), nonsteroidal anti-inflammatory na gamot o NSAIDS (hal. ibuprofen), mahina (hal. codeine) at malakas na opyo o *opioids* (hal. morphine, oxycodone, hydromorphone, fentanyl, methadone).

Minsan, ang mga pasyente ay hindi nakakatanggap ng sapat na lunas o kagamotan para sa kirot na naidudulot ng cancer. Ang mga dahilan kung bakit ito nangyayari ay ang pag-aatubili ng doktor na tanungin ang pasyente tungkol sa kirot na nararamdaman nila o ang magbigay ng iba't ibang paraan ng pagkontrol sa pagkirot, pag-aatubili ng mga pasyente na magsalita tungkol sa kanilang nararamdamang pagkirot, takot sa pagkagumon sa gamot, at takot sa mga side effects ng mga gamot na ito.

Ang pagkontrol ng kirot na dulot ng cancer o *cancer pain* ay maaaring makapagpagaan ng pakiramdam ng pasyente, pati nan a din sa kanilang mga tagapag-alaga. Ang mga pasyente ay dapat hikayatin na makipag-usap sa kanilang mga tagapangalaga tungkol sa kanilang nararamdaman at humingi ng sapat na lunas para dito. Malaking tulong ang pagpapasuri sa isang espesyalista sa kirot o *pain specialist*. Lahat ng mga ospital na sentro ng paggamot sa cancer ay may mga espesyalitang ganito at mga programa sa pagkokontrol ng kirot.

Palatandaan at sintomas ng umulit o bagong kaser sa ulo at leeg

Karamihan sa mga indibidwal na may cancer sa ulo at leeg ay tumatanggap ng medical na lunas o operasyon na kayang puksain ang cancer. Gayunpaman, may posibilidad pa rin na ang cancer ay magbalik. Kailangan maging alisto at mapagsubaybay upang maagang matuklasan ang pag-ulit o posibleng pagtubo ng bagong tumor. Dahil dito, napakahalagang malaman ang mga palatandaan ng cancersalarynx at iba pang uri ng cancer sa ulo at leeg.

Ang mga palatandaan at sintomas ng cancersa ulo at leeg ay kinabibilangan ng:

- Pagdura ng may dugo
- Pagdudugo mula sa ilong, lalamunan, bibig
- Mga bukol sa leeg
- Mga bukol sa bibig o mga marka na puti, pula o maitim sa loob ng bibig
- Kakaibang tunog ng o hirap sa paghinga
- Ubong hindi nawawala

- Pagbabago ng boses (kasama ang pamamaos)
- Pananakit o pamamaga ng leeg
- Hirap sa pagnguya, paglunok o paggalaw ng dila
- Pangangapal ng pisngi
- Pagsakit ng ngipin at paligid o pagluwag ng mga ito
- Singaw sa bibig na lumalaki o hindi gumagaling
- Pamamanhid ng dila o iba pang bahagi ng bibig
- Patuloy na pagkirot ng bibig, lalamunan o tainga
- Mabahong hininga
- Pagbaba ng timbang

Ang mga indibidwal na may mga sintomas na ito ay dapat magpasuri sa doktor sa tainga, ilong, lalamunan o *otorhinolaryngologist* sa lalong madaling panahon.

Pagkalat ng cancersa ulo at leeg

Ang cancersalarynx, katulad ng cancer sa ibang bahagi ng ulo at leeg ay maaaring kumalat sa baga at atay. Mas mataas ang posibilidad nito sa mga malalaking bukol o mga tumor na hindi kaagad natuklasan. Higit na malaki ang posibilidad ng pagkalat sa unang limang taon, lalo na sa unang dalawang taon mula sa unang pagtubo ng cancer. Mas mababa ang posibilidad na ito kung wala pang mga kulani sa leeg.

Ang mga indibidwal na nagkaroon ng cancer noon ay may mas malaking posibilidad na magkaron ng ibang uri ng cancer na walang kaugnayan sa naunang cancer sa ulo at leeg. Kadalasan, habang tumatanda ang isang tao, nagkakaroon siya ng ibang sakit na nangangailangan ng lunas, katulad ng pagtaaas ng presyon ng dugo o *hypertension* at dyabetes. Dahil dito, mahalaga para sa isang tao na makatanggap ng sapat na nutrisyon, mapangalagaan ang mga ngipin (Tignan Mga isyu sa ngipin, KABANATA #3), kalusugang pangkatawan at pag-iisip, magkaroon ng doktor na mangangalaga at maaaring mapuntahan upang regular na makapagpasuri

(Tignan ang Follow-up by family physician, internist and medical specialists, KABANATA # 13). Ang mga nakaligtas sacancer sa ulo at leeg ay kailangang manatiling alisto sa lahat ng uri ng cancer. Ang mga cancerna ito ay madaling matuklasan sa pamamagitan ng regulat na pagsusuri. Kabilang sa mga ito ang cancer sa dede, serviks o kwelyo ng matres, prostata, malaking bituka o *colon*, at cancer sa balat.

Hypothyroidism o mababang hormone mula sa teroydeo at paggamot nito

Karamihan sa mga laryngectomies ay mayroon mababang dami ng hormone mula sa teroydeo o *hypothyroidism*. Ito ay dala ng side effects ng radiation at pagkakatanggal ng bahagi o ng buong teroydeo noong operasyon salarynx. Ang mga sintomas ng *hypothyroidism* ay magkakaiba. Mayroong ilang indibidwal na walang mga sintomas habang ang iba ay may matindi o bihirang, nakamamatay na sintomas. Ang mga sintomas ng *hypothyroidism* ay hindi tiyak at maaaring gayahin ang mga
normal na pagbabagong nakikita sa pagtanda.

Pangkalahatang sintomas - Ang hormone mula sa teroydeo ang nagpapaandar ng metabolismo.
metabolismo ng katawan. Karamihan sa mga sintomas ng *hypothyroidism* ay dahil sa pagbagal ng metabolism. Nabibilang sa mga sintomas na ito ang mabilis na pagkapagod, mabagal na pagkilos, pagtaas ng timbang at hindi kinakaya ang malamig na temperature.

Balat - Mahinang pagpapawis, tuyo at makapal na balat, magaspang o manipis na buhok, paglalagas ng kilay at marupok na kuko.

Mata - Pamamagangpalibotsa mga mata

Puso–Mabagal na pintig ng puso at mahinang pagtibok na nagdudulot ng pagbaba ng pangkalahatang , pagpapababa ng pangkalahatang kakayahan nito. Ito ay magiging sanhi ng mabilis na pagkapagod at paghingal tuwing gumagalaw o nag-eehersisyo. Ang *hypothyroidism* ay maaaring ring maging sanhi ng pagtaas ng presyon ng dugo at kolesterol.

Baga at paghinga - Maaaring pahinain ang mga kalamnan sa paghinga at bawasan ang kakayahan ng baga. Kabilang sa mga sintomas nito ang mabilis na pagkapagod, paghingal tuwing nag-eehersisyo, at bawas na kakayahang mag-ehersisyo. Ang *hypothyroidism* ay maaaring humantong sa pamamaga ng dila, pamamaos ng boses at pagtigil ng paghinga habang natutulog (hindi nakikita sa laryngectomees).

Tiyan at bituka – Pagbagal ng pagtunaw ng pagkain at pag-andar sa bituka na nagiging sanhi ng pagtitibi.

Sistemang reproduktibo – Pagkakagulo sa dating at daloy ng regla, mula sa kawalan o madalang na pagdating hanggang sa napakadalas at malakas.

Ang kakulangan sa hormone mula sa teroydeo ay maaaring itama sa pamamagitan ng sintetikong hormone (*thyroxine*). Ang gamot na ito ay dapat inumin nang walang laman ang tiyan, kasabay ng isang basong tubing tatlumpung minute bago kumain bago mag-almusal. Ito ay dahil ang mga pagkain na madaming laman na taba (hal. itlog, bacon, tinapay na toasted, pritong patatas, gatas) ay maaaring makabawassa pagsipsip ng katawan sa *thyroxine* ng apatnapung porsyento (40%).

Maraming pormulasyon ng sintetikong *thyroxine* ang maaaring gamitin, ngunit madami ding kontrobersiya kung sila ay pare-pareho ng bisa. Noong 2004, inaprubahan ng FDA ang isang generik na *levothyroxine* na maaaring ipampalit sa mga produktong may tatak. Ang *American Thyroid Association, Endocrine Society*, at ang *American Association of Clinical Endocrinologists* ay hindi sumang-ayon doon at inirerekumenda na ang mga pasyente ay mananatili sa produktong may tatak. Kung kailangang magpalit ng pasyente ng tatak ng gamot o gumamit ng generik, kailangan nilang magpasuri ng *thyroid stimulating hormone* (TSH) pagkaraan ng anim na linggo.

Sapagkat maaaring magkaroon ng kaunting pagkakaiba sa iba't ibang pormulasyon ng sintetikong *thyroxine*, mas mabuting manatili sa isang uri lamang kung maaari. Kung kailangang magpalit ng preparasyon ng gamot, kailangang subaybayan ang TSH at ang lebel ng *free thyroxine* (FT4) sa dugo upang malaman kung kailangan ibahin ang dosis ng gamot.

Pagkaraang simulant ang pag-inom ng gamot, kailangang sukatin ang TSH sa dugo sa loob ng tatlo hanggang anim na lingo at baguhin ang dosis ng gamot kung kinakailangan. Ang mga sintomas ng *hypothyroidism* ay nagsisimulang mawala pagkaraan ng two hanggang tatlong lingo ng pag-inom ng sintetikong *thyroxine* and maaaring umabot ng hindi bababa sa anim na linggo bago tuluyang mapawi.

Ang dosis ng *thyroxine* ay maaaring itaas pagkaraan ng tatlong linggo sa mga indibidwal na patuloy na may sintomas at nananatiling may mataas na lebel ng TSH sa dugo. Umaabot ng anim na linggo bago makamit ang angkop na lebel ng hormone mula sa pagsisimula ng gamot o pagpapalit ng dosis.

Ang pagdaragdag ng dosis ng hormone bawat tatlo hanggang anim na linggo ay patuloy na gagawin batay sa regular na pagsusukat ng lebel ng TSH hanggang sa ito ay bumalik sa normal (humigit-kumulang 0.5 hanggang 5.0mL/L). Kapag ito ay nakamit, regular na pagsusukat ng TSH ay kailangang gawin.

Kapag nalaman na ang tamang dosis upang mapanatili sa normal lebel ng TSH sa dugo, kailangan ng pasyente ang regular na pagpapatingin at pagsusukat ng TSH isang beses sa isang taon (o mas madalas kung magkaroon ng hindi normal na resulta o pagbabago sa pasyente). Ang pag-aayos ng dosis ay maaaring kailanganin habang tumatanda ang pasyente o kung may pagbabago sa timbang.

Pag-iwas sa mga pagkakamaling medikal

Ang mga pagkakamaling medikal o sa mga operasyon ay karaniwan. Pinapadami nito ang mga kaso ng pagkakamali sa tungkulin (*malpractice*), pinatataas ang gastos sa pagpapagamot, pinatatagal ang dami ng araw sa ospital, pinapadami ang nagkakasakit at namamatay.

Isang kasulatan na naglalarawan ng personal na karanasan ni Dr. Brook tungkol sa mga medical na pagkakamali ay makikita sa Disabled-World.com at sa *http://www.disabled-world.com/disability/publications/neckcancer-patient.php*.

Ang pinakamahusay na paraan ng pag-iwas sa mga pagkakamali ay kung ang pasyente angkanyang magiging sariling tagapagtaguyod o kung magkaroon ng isang miyembro ng pamilya o kaibigan na maaaring magsilbing kanyang tagapagtaguyod o panggagalingan ng suporta.

Maaaring mabawasan ng mga pagkakamaling medikal sa pamamagitan ng:

- Pag-alam at walang pag-aatubiling magtanong at humingi ng mga paliwanag
- Pag-intindi at pagiging isang "eksperto" sa sariling medikal na kondisyon
- Pagkakaroon ng kamag-anak o kaibigan na kasama sa ospital
- Paghahanap ng ikalawang opinion
- Pagbibigay impormasyon sa mga tagapangalaga ng kalusugan tungkol sa iyong kalagayan ay mga pangangailan (bago at pagkatapos ng operasyon).

Nababawasan ang tiwala ng mga pasyente sa kanilang mga doktor at tagapangalaga kung may mga pagkakamaling medikal. Ang pagtanggap ng responsibilidad sa mga pagkukulang at pagkakamali ay nagdudulot ng pagbabalik-tiwala at kompyansang pasyente sa doktor. Mas mapag-usapan at maiintindihan ang mga pangyayari na humantong sa pagkakamali. Sa impormasyong ito matututunan kung paano maiwasang maulit ang mga kaparehong pagkakamali. Ang pagkakaroon ng bukas na talakayan sa pagitan ng pasyente at kanilang mga doktor at tagapangalaga ay ebidensya na kanilang sineseryoso ang pangyayari at gumagawa sila ng mga hakbang upang ang kanilang ospital ay manatiling ligtas.

Ang hindi pagtalakay ng mga pagkakamali sa pasyente at pamilya ay nagdudulot ng pagkabalisa, galit at pagkabigo, na nakakasagabal sa kanilang pagpapagaling. Siyempre, maaari ding humantong sa demandahan ang gayong galit.

Kailangang maging alisto ng lahat ng miyembro ng medikal na komunidad upang maiwasan ang mga pagkakamali. Ang mga ito ay kailangang maiwasan sa pakataong paraan. Ang hindi pagpansin sa mga ito ay maaaring humantong sa kanilangmuling pangyayari. Dapat hikayatin ng mga patakarang pang-institusyon ang mga propesyonal na tagapangalaga ng kalusugan ang pag-uulat ng mga salungat na kaganapan. Mas gumaganda ang nagiging relasyon ng tagapangalaga ng kalusugan at pasyente kapag bukas at tapat sa mga pangyayaring ito. Mayroongmahahalagang hakbang na maaaring ipatupad ng bawat institusyon upang maiwasan ang mga pagkakamali. Mahalagang turuan at ipaintindi sa pasyente at ang kanilang mga tagapag-alaga ang tungkol sa kanilang kondisyon at angkop na lunas nito. Lalong maaaring mapangalagaan ang kanilang mga pasyente at maiwasan ang mga pagkakamali kapag may napansin silang paglihis mula sa nakaplanong lunas.

Ang mga hakbang na ito ay maaaring gamitin ng mga medikal na institusyon upang maiwasan ang mga pagkakamali.

- Ipatupad ang de kalidad at pantay-pantay na medikal na pagtuturo at pagsasanay

- Sundin ang mga naitaguyod na pamantayan ng pangangalaga
- Magsagawa ng regular na pagsusuri ng mga tala o *medical records* at itama ang mga pagkakamali
- Gumamit ng mga tauhang mahusay at maayos na nagsanay para sa kanilang trabaho
- Patnubayan, pagsabihan at tuluyang turuan ang mga miyempro ng kawani na nagkamali at paalisin ang mga patuloy na nagkakamali
- Bumuo ng at masusing sundin ang mga algoritmo o mga tagubilin, magtatag ng mga protocol at listahan ng pamamaraan (*bedsides checklist*) para sa lahat ng gawain sa pasyente
- Dagdagan ang superbisyon at komunikasyon sa mga propesyonal na tagapangalaga ng kalusugan
- Pag-imbestiga ng lahat ng mga pagkakamali at kumilos upang maiwasan ang mga ito
- Bigyang kaalaman ang pasyente at ang kanyang mga tagapangalaga tungkol sa kanyang kondisyon at angkop na paggamot o lunas
- Magkaroon ng isang miyembro ng pamilya o kaibigan na maaaring magsilbing tagapagtaguyod ng pasyenteupang masigurongnaibibigay ang angkop na lunas
- Pagtugon sa mga reklamo ng mga pasyente at kapamilya, pagtanggap sa responsibilidad kung naaangkop, pakikipagtalakayan sa pamilya at kawani tungkol sa mga ito at gumawa ng angkop na hakbang upang maiwasan ang (mga) pagkakamali

KABANATA #13:
PANGANGALAGA UPANG MAIWASAN ANG SAKIT: REGULAR NA KONSULTA, PAG-IWAS SA PANINIGARILYO, AT PAGPAPABAKUNA
(Anna Kristina Hernadez, MD)

Kinakailangan ang wastong pangangalagang medikal at dental sa mga pasyenteng may cancer. Maraming taong may cancer ang nakalilimot sa ibang mga kondisyong medical at binibigyang pansin lamang ang cancer. Maaaring magdulot ng masamang side effectssa katawan ang hindi pangangalaga sa ibang bahagi nito na maaaring makaimpluwensiya sa kalusugan at haba ng buhay.

Ang pinakamahalagang paraan ng pangangalaga para sa mga laryngectomee at pasyenteng may cancer sa ulo at leeg ay ang sumusunod:
- Wastong pangangalaga ng ngipin
- Regular na eksaminasyon ng doktor (Family Medicine)
- Regular na pagkonsulta sa doktor na spesyalista ng ENT
- Wastong pagpapabakuna
- Pagtigil sa paninigarilyo
- Paggamit ng wastong paraan ng paglinis ng stoma
- Pananatili ng sapat na nutrisyon

Ang regular na pagpapatingin at pangangalaga sa ngipin ay pag-uusapan sa Kabanata 14.
Ang wastong paglilinis sa stoma ay pag-uusapan sa Kabanata 8.
Ang sapat na nutrisyon ay pag-uusapan sa Kabanata 11.

Pagpapatingin sa mga doktor (family medicine, internal medicine, ENT, dentista, iba pang spesyalista)

Mahalaga ang patuloy na pagpapatingin sa mga spesyalistang doktor, kasama na ang ENT, radiation oncologist (para sa mga na-radiotherapy), at oncologist (para sa mga na-chemotherapy). Habang tumatagal ang panahon mula sa unang pagkaalam ng sakit, operasyon at gamotan, tatagal ang agwat ng pagpapatingin. Karaniwang irerekumenda ng mga spesyalista sa ENT na magpatingin kada buwan sa loob ng unang taon matapos ng gamotan. Maaaring mabawasan ang dalas sa paglipas ng panahon, depende sa kundisyon ng pasyente. Inuudyok ang mga pasyenteng magpatingin sa kanilang doktor sakaling magkaroon ng bagong sintomas.

Ang regular na pagpapatingin ay nakatutulong sa pagsigurong nababantayan ang kalusugan ng pasyente at agad na nagagamot ang anumang bagong problemang dumating. Masusing susuriin ng doktor ang pasyente upang alamin kung umuulit ba ang bukol. Kasama ang pagsusuri ng buong katawan, eksaminasyon ng leeg, lalamunan at stoma sa pagkonsulta. Karaniwang sinisilip ang daanan ng hangin gamit ang endoscope or salamin para makita kung may bahaging hindi normal. Maaaring magpagawa ng CT Scan o ibang mga laboratoryo kung kinakailangan.

Mahalaga ding magpatingin sa spesyalista ng medisina o family medicine, pati na sa dentista, upang magamot ang iba pang karamdamang medikal o dental.

Pagpapabakuna para sa Trangkaso

Mahalagang mabakunahan ang mga laryngectomee para sa trangkaso, anumang edad na sila. Maaaring maging mas mahirap gamotin ang trangkaso at nakatutulong ang bakuna sa pag-iwas sa malalang sintomas.
Mayroong dalawang klase ng bakuna para sa trangkaso: isang injection na maaari para sa anumang edad at isang hinihinga (buhay na virus) na binibigay lamang sa mga taong mas bata sa edad singkwenta na walang ibang karamdaman.
;k

Ang mga bakunang maaaring ibigay ay:

1. "The Flu Shot" – isang bakunang naglalaman ng pinatay na virus na itinuturok sa braso. Ito ay aprubadong ibigay sa mas matanda sa anim na buwan, kasama na ang mga malulusog na katao at yung may mga pangmatagalang kondisyong medical.
2. "The Nasal Spray Flu Vaccine" – isang bakunang gumagamit ng buhay na virus na pinahina, na hindi magdudulot ng trangkaso. Ito ay aprubadong gamitin sa mga malulusog na kataong edad 2-49 (maliban sa mga buntis na kababaihan).
3.

May bagong bakunang ginagawa kada taon. Hindi man natin masasabi nang may kasiguruhan kung anung klase ng trangkaso ang magiging laganap, mataas ang tiyansa na ang mga nagdulot ng trangkaso sa ibang bahagi ng mundo ang siya ring magdudulot ng trangkaso sa Pilipinas. Mainam na kumonsulta sa inyong doktor bago magpabakuna para siguruhing walang dahilan upang kayo ay hindi mabakunahan (allergy sa itlog, na siyang bahagi ng mga bakuna).

Ang pinakamainam na paraan upang malaman kung may trangkaso ay ang pagpapagawa ng rapid test ng sipon, gamit ang kits. Dahil sa walang dugtungan ang ilong at baga ng mga laryngectomee, inirerekumendang kumuha ng sipon mula sa ilong at sa stoma.
Impormasyon tungkol sa mga test na ito ay maaaring makuha sa website ng Center of Disease Control (http://www.cdc.gov/flu/professionals/diagnosis/rapidlab.htm).

Ang isang kalamangan ng mga laryngectomee ay ang pagkakaroon ng mas kaunting impeksiyon sa daanan ng hangin. Dahil sa ang mga virus na nagdudulot ng sipon ay karaniwang dumadapo muna sa ilong at lalamunan bago lumipat sa ibang bahagi ng katawan, kasama na ang baga. Dahil sa hindi sa ilong humihinga ang mga laryngectomee, hindi mataas ang tiyansang magkaroon ng impeksiyon mula sa ilong papunta sa baga.

Mahalaga pa rin para sa mga laryngectomee na magpabakuna para sa trangkaso, magsuot ng heat and moisture exchanger (HME) device para sa hangin na dumadaloy papuntang baga, at ang maghugas ng kamay bago hawakan ang stoma o bago kumain. Ang Atos (Provox) Micron HME na may electrostatic filter ay dinisenyo upang masuyod ang mga mikrobyong nagdudulot ng sakit, upang mabawasan ang tiyansang magkaroon ng impeksiyon sa daanan ng hangin.

Ang virus na nagdudulot ng trangkaso ay maaaring mailipat sa pamamagitan ng paghawak ng mga gamit na mayroon nito. Ang mga laryngectomee na gumagamit ng voice prosthesis na kailangang hawakan ang mga HME nila ay nasa mas mataas na panganib na maglipat ng mikrobyo papuntang baga. Makatutulong ang palagiang paghuhugas ng kamay at paggamit ng panlinis ng balat upang maiwasan ang pagkalat ng virus.

Bakuna laban sa mikrobyong nagdudulot ng pulmunya

Ang bakuna laban sa mikrobyong "pneumococcus" ay nirerekumenda para sa lahat ng laryngectomee at iba pang pasyenteng humihinga sa leeg (gaya ng mga naka-tracheostomy) dahil ito ang isa sa mga karaniwang nagdudulot ng pulmunya. Sa Amerika, dalawang klaseng bakuna ang mayroon laban sa pneumococcus: ang pneumococcal conjugate vaccine (Prevnar 13 o PCV 13) at ang pneumococcal polysaccharide vaccine (Pneumovax or PPV23). Kumunsulta sa inyong doktor para sa mga katanungan tungkol sa bakunang ito.

Mayroong listahan ang Center for Disease Control ng mga bakuna sa: http://www.cdc.gov/vaccines.

Pag-iwas sa paninigarilyo at pag-inom ng alak

Kailangang makausap ang mga taong may cancersa ulo at leeg tungkol sa kahalagahan ng pagtigil sa paninigarilyo. Maliban sa pagdudulot ng paninigarilyo ng maraming iba't-ibang klaseng cancer sa ulo at leeg, napapataas din ang peligrong ito ng pag-inom ng alak. Maaari ring maimpluwensiyahan ng paninigarilyo ang paggaling mula sacancer. Ang mga pasyenteng may cancersa gawaan ng boses na patuloy na naninigarilyo at umiinom ng alak ay may mas mababang tiyansa ng paggaling at maaaring magkaroon ng cancer sa ibang bahagi ng katawan. Kapag itinuloy ay paninigarilyo habang at pagkatapos ng radiation therapy, maaaring makapagpalala ito sa reaksyon ng balat ng loob ng bibig, pagkatuyo ng bibig (xerostomia), at mapasama ang kalagayan ng pasyente.

Maaari ring maging mas mahina ang epeko ng gamotan para sacancer sa gawaan ng boses kung patuloy na naninigarilyo at umiinom ng alak. Nagiging mas maikli ang buhay ng mga taong nagpapatuloy manigarilyo habang nagraradio therapy kaysa sa mga hindi naninigarilyo.

KABANATA #14:
MGA ISYU NG NGIPIN AT HYPERBARIC OXYGEN THERAPY (PURONG OXYGEN)
(Arsenio Claro Cabungcal, MD)

Sa mga na-laryngectomy na pasyente na nagpa radiotherapy din, malaki ang side effects ng radiation sa kanilang mga ngipin. Importante sa mga nagparadiation ang regular na pagpapa-check up sa inyong dentista. Mahalagang panatilihing malinis ang bibig at mga ngipin.

Mga Isyu sa Mga Ngipin

Kadalasang may problema sa mga ngipin ng pasyente pagkatapos ng kanilang radiation therapy sa ulo at leeg.

Side effects ng Radiation:
- Mahinang daloy ng dugo sa mga butong kinakabitan ng mga ngipin sa taas at baba
- Apektado ang pag-laway at ang kemikal na sangkap nito. Kumokonti ang laway at natutuyo ang bibig
- Nababago ang bacteria na kadalasang nasa bibig

Dahil dito, nagiging malaking problema ang pagkakaroon ng sirang ngipin at namamagang galagid. Ang mga ito ay maaaring maiwasan sa mabuting pagaalaga at paglilinis ng bibig at ngipin. Wastong sipilyo at pagmumog pagkatapos kumain. Mahalaga din ang regular na paginom ng tubig para maiwasan ang pagkatuyo ng bibig.

Malaki ang side effects ng radiation therapy sa mga buto kung saan nakakabit ang mga ngipin. Maaaring mabulok ang mga butong ito at kasama dito ang pagkabulok ng mga ngipin. Importanteng maisaayos ng dentista ang mga ngipin bago ang radiation therapy. Maaari nilang bunutin o pastahan ang mga ngipin depende sa pangangailangan. Maaari din nilang gamotin ang mga pamamaga at impeksyon ng gilagid bago pa man mag radiotherapy ang pasyente.

Pagkatapos ng radiotherapy, kelangan pa din ng regular na pagpapa-check up sa dentista upang masiguro ang kalusugan ng ngipin ng mga na-laryngectomy. Kailangan alam ng dentista na nagpa-radiotherapy ang pasyente bago sila may gawin sa mga ngipin at galagid.

Mabuting pag-alaga sa mga ngipin at gilagid ay mahalaga para maiwasang magkaroon ng problema sa ngipin at gilagid. Kasama dito ay ang paglagay ng fluoride paste, pagsipilyo ng tama, paggamit at pagdaan ng sinulid sa pagitan ng mga ngipin at pagpapalinis ng ngipin at gilagid sa dentista kada anim (6) na buwan hanggang kada taon.

Ang pag-alaga ng bibig, ngipin at gilagid ay hindi lamang dapat sa clinic ng dentista ginagawa. Araw-arawin dapat ang wastong pag alaga sa bibig, ngipin at gilagid. Ang mga sumusunod ay dapat gawin araw araw.

- Gumamit ng sinulid at idaan sa pagitan ng mga ngipin para matanggal ang mga tinga. Magsipilyo ng tama at gumamit ng fluoride toothpaste. Gawin ito tuwing pagkatapos kumain.
- Linisin din ang dila gamit ang sipilyo tuwing magsisipilyo
- Para sa pang mumog, maaaring magtimpla ng isang (1) kutsaritang baking soda na inihalo sa 350ml ng tubig. Maaari itong pangmumog sa maghapon
- Gumamit ng toothpaste na may fluoride. Maaari din makakuha ng fluoride paste sa inyong mga dentista. Kapag ipinahid ang fluoride sa mga ngipin, hayaan itong nakalagay sa ngipin ng mga sampu (10) minuto. At huwag kumain at uminom ng hanggang tatlumpung (30) minute pagkatapos.

Ang pagakyat ng acid galing sa tiyan ay madalas nangyayari sa mga pasyenteng na-laryngectomy. Itong pangangasim na umaakyat galling sa tiyan papuntang bibig ay maaaring magdulot ng pagkasira ng ngipin.

Maaari itong maiwasan sa:

- Pag inom ng gamot para sa pangangasim ng tiyan at acid reflux
- Pagkain at pag-inom ng pakonti konti. Iwasan kumain ng maramihan. (konti pero madalas ang pagkain)
- Huwag humiga pagkatapos kumain
- At kapag humiga, maglagay ng hindi kukulang sa tatlong (3) unan para panatilihing halos nakataas ang ulo, leeg at tiyan.

Purong Nakapressure na Oxygen Therapy

Sa Ingles ang tawag dito ay hyperbaric oxygen therapy. Ang pasyente ay inilalagay sa isang kuwarto na may purong oxygen at ito'y naka pressure. Ang mataas na pressure na purong oxygen mahihinga ng pasyente at papasok sa mga laman at buto ay makakatulong maiwasan ang pagkabulok ng mga buto kung saan nakakabit ang mga ngipin. Makatulong din ito sa pag galing ng mga nabubulok na laman at buto. Sa pagdami ng oxygen sa mga laman at buto sa paligid ng mga ngipin, nakakatulong din ito sa pagsupil ng mga impeksyon dito.

Ang hyperbaric oxygen therapy ay kadalasang ligtas at bihira naman ang kumplikasyon. Kung may kumplikasyon man, ang mga ito ay panandaliang paglabo ng paningin, sugat sa loob nga tenga na maaaring magdulot ng paghina ng pandinig at may tumulo sa tenga. Maaari din makaranas ng pag kumbulsyon dahil sa nasobrahan sa oxygen ang pasyente.

Mag-ingat din habang nasa loob ng kuwarto ng hyperbaric oxygen dahil madaling magkaapoy dito. Mataas ang oxygen concentration kaya madali din magka-apoy. Konting spark or apoy ay madaling magliyab. Ipinagbabawal ang pagdala ng lighters at mga gamit na may battery sa loob ng kuwartong ganito.

Ang gamotang ito ay hindi kelangan naka admit sa ospital ang pasyente. Maaaring uwian ang pasyenteng nagpapa hyperbaric oxygen therapy.

May dalawang klaseng hyperbaric oxygen na kuwarto. Ang isa ay pang-isahang pasyente lamang at nakahiga ang pasyente dito. At ang isa naman ay mas malaking kuwarto na kasya ang ilang tao. Dito puwedeng nakaupo o nakahiga ang mga pasyente.

Habang nasa hyperbaric oxygen therapy na kuwarto, maaaring makaramdam na parang puno ang inyong mga tenga, pareho ng nararamdan kapag nakasakay sa eroplano or elevator na pataas. Maaari itong maibsan sa pag hikab.

Tumatagal ang therapy session ng isa (1) hanggang dalawang (2)oras at kakailanganin ng mula dalawampu't lima (25) hanggang tatlompung (30) sessions para sa mga pasyenteng nabubulok dahil sa radiation ang mga buto ng panga at pisngi kung saan nakakabit ang mga ngipin.

KABANATA # 15
MGA ISYUNG SIKOLOHIKAL: DEPRESYON, PAGPAPAKAMATAY, KAWALANG-KATIYAKAN, PAGBABAHAGI SA KARAMDAMAN, ANG TAGAPANGALAGA AT ANG PINAGMUMULAN NG SUPORTA
(Kevin Mendoza, MD)

Ang mga nakaligtas sa cancer, kasama na ang mga laryngectomee, ay humaharap sa iba't-ibang sikolohikal, sosyal, at personal na mga pagsubok. Ito ay dahil sa naaapektuhan ng gamutan ng cancer sa ulo at leeg ang maraming aspeto ng pamumuhay ng isang tao – paghinga, pagkain, pakikipag-usap, at pakikisama sa iba. Ang pag-unawa at pagtugon sa mga isyung ito ay maaaring kasing halaga ng pag-gamot sa mga isyung medical.

Nakararanas ang mga taong napag-alamang may cancer ng magkakaibang damdamin at emosyon na maaaring magbago araw-araw, oras-oras, o kahit pa minu-minuto, at maaaring maging mabigat na pasaning sikolohikal.

Ang ilan sa mga pakiramdam na ito ay:
- Hindi pagtanggap sa karamdaman
- Galit
- Takot
- Stress
- Pagkabalisa at pagkabahala
- Depresyon
- Kalungkutan
- Pagsisi sa sarili
- Pagiisa

Ang ilan sa mga sikolohikal at sosyal na pagsubok na kinakaharap ng mga laryngectomee ay ang mga sumusunod:
- Depresyon
- Pagkakaba at pagkabahala ng pag-ulit ng bukol
- Pag-iwas sa ibang tao
- Pagkalulong sa alak o ipinagbabawal na gamot
- Isyu sa itsura ng katawan
- Sekswalidad
- Pagbabalik sa trabaho

- Pakikipagkapwa sa asawa, pamilya, kaibigan, katrabaho
- Epektong pinansyal

Paano kayanin ang depresyon

Karamihan sa mga taong may cancer ay nalulungkot o "*depressed*". Ito ay karaniwang reaksyon sa anumang malalang karamdaman. Ang depresyon ay isa sa pinakamahirap na maaaring pagdadaanan ng pasyenteng may cancer. Ngunit ang kahihiyan sa pag-amin ng karamihang mayroon nito ang nagpapahirap sa paghahanap ng tulong at lunas para dito.

Ilan sa mga palatandaan ng depresyon ay:

- Pakiramdam na parang walang magagawa at walang pag-asa, o na parang walang kahulugan ang buhay
- Kawalan ng interes sa pagsama sa pamilya o kaibigan
- Kawalan ng interes sa mga gawain at aktibidad na dating nagdudulot ng saya
- Kawalan ng ganang kumain, o walang interes sa pagkain
- Matagal na pag-iyak o palagiang pag-iyak sa maghapon
- Problema sa pagtulog (maaaring sobra-sobra o kulang)
- Pagbabago sa sigla
- Pag-iisip na magpakamatay, pati na pag-plano o aktwal na pagkilos para magpakamatay, pati na rin ang palagiang pag-iisip tungkol sa kamatayan at pagpanaw.

Ang mga pagsubok sa buhay ng isang laryngectomee sa kunteksto ng cancer, ay nangangahulugan lamang na mas mahirap lalong labanan ang depresyon. Ang kawalan ng abilidad magsalita, o kahit na ang hirap sa pagsasalita, ay nagpapahirap sa pagbabahagi ng emosyon na maaaring magdulot ng pakiramdam na para kang nag-iisa. Madalas na hindi sapat ang operasyon at gamutan upang masolusyunan ang mga isyung ito; mas matinding diin ang kailangang ibigay sa kalusugan ng pag-iisip pagkatapos maalis ang gawaan ng boses.

Ang pagtatagumpay laban sa depresyon ay mahalaga, hindi lamang para sa kapakanan ng pasyente, kundi dahil sa maaari din nitong pabilisin ang paggaling, itaas ang pagkakataon ng pagkakaroon ng mas mahabang buhay at lubos na paggaling ng pasyente sa sakit. Dumarami ang siyentipikong ebidensiya na nagpapatunay sa ugnayan ng isipan sa katawan. Kahit na ang karamihan sa mga koneksyong ito ay hindi pa lubos na nauunawaan, napagalaman na ang mga taong may motibasyon na gumaling at nagpapakita ng positibong saloobin ay mas madaling gumaling mula sa malalang sakit, nabubuhay nang mas matagal, at minsan pa'y nakakaligtas mula sa mga matinding pagsubok ng buhay. Samakatuwid, naipakita na ang epektong ito ay maaaring dahil sa pagbabago ng resistensiya ng katawan, sa pamamagitan ng pagbabago ng *cellular immune response* at pagbawas sa aktibidad ng *natural killer cell*.

Maraming dahilan para maging *depressed* matapos malaman ng isang pasyenteng siya ay may cancer at kailangan niyang mabuhay nang mayroong ganitong karamdaman. Para sa mga pasyente at kanilang pamilya, isa siyang nakapanlulumong karamdaman, lalo na dahil sa hindi pa natutuklasan lahat ng lunasa para sa maraming klase ng cancer. Bago pa man madiskubre ang sakit, huli na ang lahat para iwasan ito at, kung malala na ang cancer, tumataas na rin ang tiyansang kumalat na ito sa ibang bahagi ng katawan at ang tiyansa para sa lubos na paggaling sa sakit ay bumababa.

Maraming emosyon ang tumatakbo sa isip ng pasyente matapos malaman ang masamang balita. "Bakit ako?" at "Totoo ba ito?" Bahagi na ang depresyon sa proseso ng pagtanggap sa paghihirap na dinaranas. Madalas na nagdaraan sa iba't ibang baitang ng pagtanggap sa isang mahirap na sitwasyon tulad ng pagiging *laryngectomee*. Nagsisimula ito sa pagtanggi at pag-iisa, pagkatapos ay galit, depresyon, at ang pinakahuli ay ang pagtanggap.

May ibang nanatili sa isang partikular na baitang, gaya ng depresyon o galit. Mahalaga ang pag-usad upang maabot ang huling baitang ng pagtanggap at pag-asa. Ito ang dahilan kung bakit mahalaga rin ang tulong propesyunal at ang pag-unawa at tulong ng mga kapamilya at kaibigan.

Kailangang harapin ng mga pasyente ang ideya ng kanilang pagpanaw, minsan pa ay sa unang pagkakataon sa kanilang buong buhay. Sila ay napipilitang harapin ang karamdaman at ang mga maaaring epekto nito. Pero ang depresyon matapos malaman ang karamdaman ay nagbibigay-daan upang matanggap ng pasyente ang kanyang bagong realidad. Nagiging mas madaling mabuhay nang walang kasiguruhan sa hinaharap kung ipinasasawalang bahala na lang ang mga bagay-bagay. Pero kahit maaaring ibsan ng kawalang bahala ang damdamin ng mga pasyente, maaari naming maging balakid ang ganoong pagiisip sa paghahanap ng nararapat na kalinga at maaaring magdulot ng mabilisang pagbaba ng kaledad ng pamumuhay.

Pagdaig sa depresyon

Inaasam nating lahat ng pasyente ay magkaroon ng lakas upang labanan ang depresyon. Pagkatapos na pagkatapos ng operasyon, maaaring mabigla ang mga pasyente sa dami ng bagong gawain. Madalas silang nagluluksa sa maraming aspeto ng kanilang pamumuhay na nag-iba, kasama na ang kanilang boses at ang magandang kalusugan. Kailangan rin nilang matanggap na panghabang-buhay na ang kanilang hindi karaniwang pananalita. May ibang makararamdam na kagustuhan nilang magpadaig sa depresyon o maging masigla at manumbalik sa karaniwang pamumuhay. Ang pagnanais na gumaling at pagtagumpayan ang mga kahinaan ay maaaring maging sapat na upang baliktarin ang negatibong pagtingin. Maaaring umulit ang depresyon, kaya't kinakailangan ang patuloy na pagsisikap na labanan ito.

Maaaring labanan ng mga *laryngectomee* at mga may cancer sa ulo at leeg ang depresyon sa pamamagitan ng sumusunod:

- Pag-iwas sa pagkalulong sa alak o paggamit ng ipinagbabawal na gamot
- Paghanap ng tulong
- Pagsusuri sa ibang karamdamang maaaring magdulot ng depresyon (gaya ng hypothyroidism, o *side effect* ng mga iniinom na gamot)
- Paghahanap ng mga paraan upang maging aktibo
- Pagbabawas ng stress
- Pagiging magandang halimbawa sa iba
- Pagbalik sa mga karaniwang gawain
- Pagpapakonsulta para sa gamot laban sa depresyon (*antidepressants*)
- Pagtanggap ng suporta mula sa pamilya, kaibigan, propesyunal, katrabaho, mga kapwa *laryngectomee*, at *support groups*

119

Ito ang ilan sa mga paraan upang mapagbuti ang diwa ng mga may sakit:
- Paghanap ng mapaglilibangan
- Pakikipagkapwa at pakikipagkaibigan
- Pagpapanatiling aktibo ang pangangatawan
- Muling pakikisalamuha sa mga kapamilya at kaibigan
- Pag-*volunteer*
- Paghahanap ng mga makabuluhang proyekto
- Pagpapahinga

Tunay na mahalaga ang suporta ng mga kapamilya at kaibigan. Maaaring makapagpasigla ng buhay ang patuloy na pakikibahagi sa buhay ng iba. Maaaring kumuha ng lakas mula sa pakikisaya, pakikipaglaro at pag-apekto sa buhay ng mga anak at apo. Ang paggiging mabuting ehemplo sa mga anak at apo, na hindi sumuko sa kabila ng paghihirap ay maaaring maging matibay na puwersa upang labanan ang depresyon.

Ang pagsali sa mga nakagawian bago pa man maoperahan ay maaaring magbigay ng tuluy-tuloy na layunin sa buhay. Ang pagsali sa mga *larygectomee club* ay maaaring pagmulan ng suporta, pagpapayo, at pagkakaibigan.

Makatutulong din ang paghahanap ng tulong mula sa isang *mental health professional* gaya ng *social worker*, *psychologist*, o *psychiatrist*. Ang pagkakaroon ng magaling at maalagang doktor at *speech* o *language pathologist* na maaaring makapagbigay ng patuloy na follow-up ay napakamahalaga. Ang kanilang pakikibahagi ay makatutulong sa mga pasyenteng harapin ang mga problemang medikal at problema sa pananalita, at maaari ding makadagdag sa kanilang sigla at saya sa buhay.

Ang pagpapapakamatay sa mga pasyenteng may cancer sa ulo at leeg

Ayon sa mga pag-aaral, higit sa doble ang idinami ng mga taong may cancer na nagpapagkamatay kung ikukumpara sa karaniwang populasyon ng tao. Binibigyang diin ng mga pag-aaral na ito ang pangangailangang tugunan ang mga problemang may kinalaman sa pag-iisip at damdamin ng mga pasyenteng may cancer, gaya ng depresyon at pagnanais na magpagkamatay.

Natuklasan ng marami sa mga pag-aaral ang mataas na bilang ng *depressive mood disorders* na maky kinalaman sa pagpapakamatay sa mga pasyenteng may cancer. Maliban dito, mataas din ang bilang ng hindi malalang depresyon sa mga may-edad na pasyenteng may cancer, na minsan ay hindi napapansin at hindi nagagamot. Maraming pag-aaral din ang nagpakita na mayroong *major depression* ang halos kalahati ng lahat ng mga pasyenteng may cancer na nagpakamatay. Ang iba pang bagay na nakaiimpluwensiya ay pagkabahala (*anxiety*), *affective disorder*, kirot, kawalan ng suporta mula sa iba, at pagkawala ng kumpiyansa sa sarili.

Pinakamataas ang panganib ng pagpapakamatay sa unang limang taon matapos malaman ng pasyenteng mayroon siyang cancer, at dahan-dahan itong bumababa matapos nito. Gayunpaman, nananatiling mataas ang panganib na ito sa loob ng labinlimang taon matapos malaman ang karamdaman. Sa Estados Unidos, mas mataas ang panganib sa mga pasyenteng may cancer na lalaki, maputi ang kutis, o hindi kasal. Sa mga kalalakihan, mas mataas ang panganib na magpakamatay habang tumataas ang edad na malaman ang karamdamang cancer. Mas mataas din ang panganib sa mga pasyenteng may malubhang karamdaman sa panahon ng pag-alam tungkol sa sakit.

Iba-iba ang bilang ng nagpapakamatay depende sa klase ng cancer: pinakamarami ang sa mga may cancer ng baga at daanan ng hangin, tiyan, ulo at leeg, kasama na ang bibig, lalamunan, at gawaan ng boses. Mas mataas ang mga bilang ng nakakaranas ng depresyon o kawalang-palagayan ng loob sa mga pasyente na may ganitong mga cancer. Maipapaliwanag ang mataas na insidente ng depresyon sa mga may cancer ng ulo and leeg ng malubhang epekto nito sa kaledad ng buhay, dahil sa nakaaapekto ito sa pisikal na anyo at sa mahahalagang gawain gaya ng pananalita, paglunok, at paghinga.

Ang pagsusuri sa mga pasyenteng may cancer para sa depresyon, kawalan ng pag-asa, labis na pagkabahala, malubhang kirot, at nais na magpakamatay ay mahalaga upang malaman ang mga taong nasa panganib. Maaaring mapigilan sa pagpapakamatay ang mga taong nasa panganib kung sila ay sumailalim sa *counselling* o mapatingnan agad sa mga *mental health specialists*. Kasama na rin dito ang pakikipagusap sa mga pasyente at kaanak ng mga pasyenteng nasa panganib na magpakamatay kung paano lalong maiwasan ang *access* sa karaniwang paraan na ginagamit upang magpakamatay.

Pagtanggap sa hinaharap na walang kasiguruhan

Kapag nalaman ng isang taong siya ay may cancer at kahit pa man maging matagumpay ang gamutan, laging nananatili ang pangambang ito ay maaaring magbalik. May ibang taong mas kayang mabuhay nang walang kasiguruhan. Ang madadaling nakibagay sa sitwasyon ay karaniwang mas masaya at kayang magpatuloy mabuhay kumpara sa mga hindi agad matanggap ang sitwasyon.

Nakadadagdag pa sa hirap ng pagtukoy sa hinaharap ang limitasyon ng mga makinang ginagamit upang makakita ng cancer sa katawan (gaya ng Positron Emission Tomography o PET, Computed Tomography o CT, at Magnetic Resonance Imaging o MRI), na kaya lamang makakita ng cancer na mas malaki sa isang pulgada o *inch*. Maaaring malampasan ng mga doktor ang napakaliit na bukol sa lugar na mahirap itong makita ng mata.

Kailangang tanggapin ng mga pasyente ang katotohanang maaaring bumalik ang cancer at ang eksaminasyon at pagpapatingin sa doktor ang pinaka-epektibong mga paraan upang bantayan ang kanilang kalagayan.

Ang karaniwang nakatutulong sa bagong sintomas (maliban na lang kung ito ay malala) ay ang pag-aantay ng ilang araw bago sumangguni sa doktor. Marami sa mga bagong sintomas ay nawawala sa loob ng maikling panahon. Sa paglaon, natututo ang karamihan na huwag mabahala at gamitin ang dating karanasan, *common sense*, at ang kaalaman upang maintindihan ang kanilang sintomas.

Sa kinalaunan, nakakayanan ng pasyenteng mabuhay at tanggapin ang hinaharap na walang kasiguruhan, na may balanse sa takot at pagtanggap.

Ilan sa mga mungkahi kung paano malapasan ang hinaharap na walang katiyakan ay:
- Ang paghiwalay ng sarili mula sa sakit
- Pagtutok sa mga hilig sa buhay sa halip na sa cancer lamang
- Paghanap ng pamumuhay na umiiwas sa *stress* at nagpapapanatag ng kalooban
- Patuloy na pagpapatingin sa doctor

Pagbabahagi ng *diagnosis* sa iba

Matapos malaman ng isang pasyenteng siya ay may cancer, kailangan niyang magdesisyon kung ibabahagi niya ito sa iba o itatago. Maaaring piliin nilang itago ito, sa takot na magiiba ang tingin sa kanila, dahil sa may ibang tao na ayaw ipakita ang kanilang kahinaan, ayaw na sila ay kaawaan. Kilalanin man ito o hindi, pero ang mga may-sakit – lalo na ang mga may nakamamatay na karamdaman – ay hindi makapagkompitensya sa lipunan at karaniwang nagiging biktima ng diskriminasyon. May ibang pasyenteng ikinatatakot na sila ay iwasan ng mga kaibigan o kakilalang nais proteksyunan ang kanilang mga sarili mula sa sakit ng parating na pagpanaw– o maaaring dahil sa hindi lang nila alam kung ano ang sasabihin o paano makikitungo.

Kung hindi ibabahagi ang karamdaman sa iba, maaaring lalong makaramdam ng pag-iisa ang pasyente, lalo na kung wala siyang katuwang sa pagharap sa bagong pagsubok. May ibang pasyenteng lilimitahan lamang ang pagsasabihin ng karamdaman upang hindi na kailanganin pang mabahala ng maraming tao tungkol dito. Siyempre, ang pagpapanatiling sikreto ng impormasyong ito ay madalas na nagiging hadlang sa mga nakakaalam upang tumanggap ng sarili nilang tulong at suportang emosyonal.

Mahirap ibahagi ang tunay na kalagayan sa mga kapamilya at kaibigan at karaniwang naibabahagi lamang nang ayon sa ano ang kayang tanggapin ng pasyente. Mahalagang makipagusap nang isa-isa upang mabigyan ang bawat isa ng pagkakataong magtanong at magsiwalat ng damdamin, pangamba at pagmamalasakit. Maaaring mapadali ng masiglang pagsisiwalat, sa pamamagitan ng diin sa potensiyal para sa paggaling, ang pagbabahagi sa balita. Maaaring maging mahirap sabihin sa maliliit na bata ang ibig sabihin ng karamdaman, pero mainam na iayon sa pananalitang kayang maunawaan ng mga bata.

Matapos ang operasyon, hindi na maitatago ang karamdaman. Maraming hindi nagsisising agad nilang ipinaalam ang sakit sa iba. Napagtanto nilang hindi naman sila iniwan ng kanilang mga kaibigan at natanggap nila ang suporta at lakas na nakatulong sa pinakamahihirap na pagkakataon. Sa pamamagitan ng "paglaladlad" at pagkukuwento ng kanilang karamdaman, ipinakikita ng mga *cancer survivor* na hindi sila nahihiya o nanghihina dahil sa kanilang karamdaman.

Ang mga *larygectomee* ay isang maliit na grupo ng mga *cancer survivors*. Ngunit sila ay nasa natatanging posisyon dahil hindi maikakaila ang kanilang karamdaman sa itsura ng kanilang leeg at sa tunog ng kanilang boses. Hindi nila maitago na humihinga sila sa butas sa leeg (*stoma*) at nagsasalita sila nang may mahina at mala-makinang boses. Ngunit ang kahabaan ng buhay nila ay patunay na possible ang produktibo at makahulugang buhay matapos mapagalamang may cancer.

Pangangalaga sa minamahal na may cancer

Mahirap maging tagapangalaga para sa minamahal na may malubhang karamdaman gaya ng cancer sa ulo at leeg. Maaari itong maging matinding hamon sa pangangatawan at sa damdamin. Mahirap makitang naghihihirap ang iyong minamahal, lalo na kung halos walang magagawa upang mapagaling ang karamdaman. Dapat mapagtanto ng mga tagapangalaga ang halaga ng kanilang ginagawa kahit pa hindi sila laging napasasalamatan.

Madalas na pinangangamba ng mga tagapangalaga ang kamatayan ng kanilang minamahal at kung paano na lang ang buhay nang wala sila. Maaari itong magdulot ng labis na pag-aalala at depresyon. May ibang pinipiling huwag tanggapin ang *diagnosis* na cancer at paniwalaang hindi gaanong malubha ang karamdaman ng kanilang minamahal.

Madalas na isinasakripisyo ang sariling kapakanan at pangangailangan upang tugunan ang mga pangangailangan ng kanilang inaalagaan. Madalas kailangan nilang maging mahinahon upang ibsan ang takot ng kanilang minamahal at suportahan sila kahit na sila ang madalas na nakatatanggap ng galit, at pangamba ng mga ito. Maaring mas matindi pa ang mga pangamba ng mga pasyenteng may cancer sa ulo at leeg dahil hindi nila ito maisiwalat nang maayos sa pananalita. Kinakailangang pigilan ng mga tagapangalaga ang sarili nilang damdamin at itago ang kanilang mga emosyon para hindi sumama ang loob ng may-sakit. Napakahirap nitong gawin.

Mas makatutulong sa pasyente at tagapangalaga kung sila ay maging bukas at tapat sa pakikipagusap sa isa't-isa, sa pagbabahagi ng kanilang mga damdamin, pag-aalinlangan, at nais. Maaari itong maging mas mahirap sa mga may problema sa pananalita. Ang sama-samang pagpupulong ng mga *healthcare providers* ay nagbibigay-daan upang mapabuti ang komunikasyon at pagdedesisyon sa takbo ng gamutan.

Sa kasawiang-palad, madalas na napababayaan ang kalusugan ng mga tagapangalaga, bilang nakatutok lahat ng atensyon sa may-sakit. Pero mahalaga na hindi isantabi ang kapakanan ng tagapangalaga. Makatutulong sa tagapangalaga ang pagtanggap ng pisikal at emosyonal na suporta mula sa mga kaibigan, kapamilya, *support groups*, at mga *mental health professional*. Maaaring sumailalim sa professional counselling nang mag-isa o nang bahagi ng isang grupo, o kasama ang ibang mga kapamilya, pati na rin ang pasyente. Kailangan rin ng mga tagapangalaga ng panahon para sa sarili nila, upang maka *"recharge"*. Ang pagkakaroon ng panahon para sa sariling pangangailangan ay makakatulong sa mga tagapangalagang patuloy na pagmulan ng lakas at suporta sa kanilang mga minamahal. May mga samahang makatutulong sa ganitong pangangalaga.

Pinagmumulan ng suportang panlipunan at emosyonal

Maaaring mag-bago ang buhay ng isang tao, pati na ng mga malalapit sa kanya, kung malaman niyang siya ay may cancer sa gawaan ng boses o kahit anong cancer ng ulo at leeg. Maaaring mahirap matanggap ang mga ganitong pagbabago para sa iilan. Mahalagang humanap ng tulong upang mapagtagumpayan ang mga epektong sikolohikal at panlipunan ng karamdamang ito.

Kasama na ang mga agam-agam sa gamutan at sa mga *side effect,* tagal ng pamamalagi sa ospital, at halaga ng gamutan sa mga karaniwang inaalala. Dagdag pa rito ang pag-aalala sa kung paano maaalagaan ang pamilya, magtatrabaho, at magpapatuloy sa pangaraw-araw na buhay.

Makatutulong ang pagsama sa iba pang mga *laryngectomee* at pagsali sa mga *support group* para sa mga may cancer sa ulo at leeg. Maaaring magbigay suporta at payo ang mga kapwa *cancer survivors* sa pagbisita ng mga ito sa ospital o sa bahay habang nagpapagaling ang pasyente. Maaari rin silang maging gabay at mabuting halimbawa kung paano magiging matagumpay ang pagpapapagaling, at kung paano manunumbalik ang sigla sa buhay.

Ilan sa maaaring pagmulan ng suporta ay:

- Maaaring sagutin ng mga miyembro ng *health care team* (doktor, nars, at *speech o language pathologists*) ang mga tanong ukol sa gamutan, trabaho, o iba pang gawain.
- Ang mga *social worker, counselor,* o miyembro ng simbahan ay maaaring makatulong kung gustong ibahagi ng pasyente ang kanyang mga saloobin o agam-agam. Maaaring magmungkahi ang mga *social worker* ng mga maaaring pagmulan ng tulong pinansyal, transportasyon, pangangalaga, at emosyonal na suporta.
- Maaaring magbahagi sa pasyente o sa mga kaanak nito ang mga miyembro ng mga support group para sa mga laryngectomee o sa mga may cancer ng ulo at leeg na kanilang kaalaman sa kung paano mabuhay nang may cancer. Maaari silang magbigay suporta sa pamamagitan ng pagbisita, o pagtawag sa telepono, o sa pamamagitan ng *internet*. Maaring makatulong ang mga miyembro ng mga *health care team* sa paghahanap ng ganitong mga *support group.*

Ang website ng International Association of Laryngectomees ay mayroong listahan ng lahat ng mga *larygectomee club* sa Estados Unitos at sa ibang mga bansa (http://www.theial.com/ial/). May kumpletong listahan ng mapagkukunan ng impormasyon at listahan ng mga samahan sa Addendum.

Ilan sa mga "benepisyo" ng pagiging *laryngectomee*
- Wala nang paghilik
- Hindi na kailangang magsuot ng kurbata
- Hindi na maka-aamoy ng mabaho o nakakairitang amoy
- Madalang na pagkakaroon ng sipon
- Mababang tsansa ng pagkasamid (aspiration) sa baga
- Mas madaling tubuhan sa leeg sa panahon ng *emergency*

KABANATA #16:
PAGGAMIT NG CT, MRI, AT PET SCANS SA PAGTUKLAS AT PAGSUBAYBAY NG CANCER

Ang *Computed Tomography (CT)*, *Magnetic resonance imaging (MRI)*, at *Positron Emission Tomography (PET)* ay mga pamamaraan sa pagsasalarawan ng panloob na istruktura ng katawan. Ginagamit ang mga ito upang makita ang cancer at sundan ang paglala at pagtugon nito sa therapy.

Ang MRI ay maaaring gamitin para sa *diagnosis* ng cancer, sa pagbatid ng *stage* ng cancer, at pagpaplano ng paggamot nito. Ang pangunahing bahagi ng karamihan sa mga sistema ng MRI ay isang malaking hugis-tubo o *cylindrical* na magneto. Sa paggamit ng mga *non-ionizing radiofrequency wave*, malakas na magneto, at isang computer, ang teknolohiyang ito ay gumagawa ng mga detalyadong larawan ng loob ng katawan. Sa ilang mga kaso, gumagamit ng medical na tina o pakulay upang mas maisalarawan ang mga istraktura sa katawan. Ang mga tinang ito ay maaaring direktang iiniksyon sa daluyan ng dugo gamit ang isang karayom at hiringgilya o maaaring sila ay lunukin, depende sa lugar ng katawan na pinag-aralan. Gamit ang MRI, posibleng makilala ang normal at may sakit na tisyu at mas tiyak na matukoy ang mga bukol sa loob ng katawan. Kapaki-pakinabang din ito sa pagtuklas ng mga *metastases* or pagkalat ng bukol sa ibang bahagi ng katawan.

Bukod pa rito, Higit na naipakikita ng MRI ang pagkaka-iba sa pagitan ng iba't ibang malambot na tisyu ng katawan kaysa sa CT scan. Kaya, ito ay lalong kapaki-pakinabang para sa paglalarawan ng utak, gulugod, litid, mga kalamnan, at ang loob ng mga buto. Upang maisagawa ang pag-*scan*, ang pasyente ay humihiga sa loob ng isang malaking aparatong lumilikha ng *magnetic field* na nakahanay sa *magnetization* ng *atomic nuclei* sa katawan.

Hindi masaki ang mga pagpapaMRI. May ilang pasyenteng nag-uulat ng bahagya hanggang malubhang pagkabalisa at / o pakiramdam na 'di mapakali habang isisagawa ang MRI. Maaaring magbigay ng gamot na pangpakalma bago ang MRI sa mga taong may takot ma masisikip o kulob na lugar, o nahihirapang hindi gumalaw nang matagal. Ang mga makina ng MRI ay gumagawa ng malakas na kalampag, pagputok, at paghuni. Ang pagsuot ng *earplug*s o mga pampabara ng tenga ay maaaring makabawas sa epekto ng ingay.

Ang CT-scan ay isang proseso ng medikal na pagsasalarawan ng katawan na gumagamit ng mga X-ray na ginagamit ng computer upang makabuo ng tomographic na mga imahe o *'cuts'* ng mga partikular na lugar ng katawan ng pasyente. Ang mga imaheng ito ay ginagamit para sa layunin ng pagsusuri o sa pag-gagamot sa maraming medikal na disiplina. Ang *digital geometry computerized processing* ay ginagamit upang bumuo ng tatlong-dimensyunal na imahe ng loob ng isang bahagi ng katawan o *organ*, mula sa isang malaking bilang ng dalawang-dimensyunal na mga imahe ng X-ray na kinuha sa paligid ng isang solong axis ng pag-ikot. Maaari ding gumamit ng mga medikal na tina upang mas makita ang ilang mga istraktura sa katawan.

Ang PET scan ay isang *nuclear medicine imaging test* na lumilikha ng isang tatlong-dimensyunal na imahe o larawan ng *functional metabolic processes* sa katawan. Gumagamit ito ng *radioactive substance* na tinatawag na *"tracer"* na idinadaan sa ugat ng tao, upang hanap ang sakit sa katawan. Naglalakbay ang tracer sa pamamagitan ng dugo at naiipon sa mga *organ* at tisyu na may mataas na aktibidad ng metabolismo. Kayang mailarawan ang kabuuan ng cellular function ng isang tao gamit ang isang PET scan lamang.

Dahil kita sa PET scan ang pag-taas ng aktibidad ng metabolism, anuman ang dahilan nito, gaya ng cancer, impeksiyon, o pamamaga, hindi nito kayang kilatisin ang pagkakaiba sa mga sanhing nabanggit. Ito ay maaaring humantong sa hindi malinaw na interpretasyon ng mga resulta at maaaring maging sanhi ng dagdag na mga pagsusuring maaaring hindi naman tunay na kailangan. Karagdagan sa gastusing idinadagdag nito, maaaring maging sanhi din ito ng pagkabalisa ng pasyente.

Mahalaga ring mapagtanto na ang mga pagsusuring ito ay hindi perpekto at maaaring malampasan ang isang maliit na tumor (mas mababa sa isang pulgada). Kaakibat ang masusing pisikal na eksaminasyon sa anumang pag-*scan*.

Ang mga PET at CT scan ay madalas na ginagawa sa parehong session at gamit ang iisang makina. Habang ang PET scan ay nagpapakita ng biolohikal na proseso ng katawan, ang CT scan ay nagbibigay ng impormasyon ukol sa lokasyon ng anumang mataas na aktibidad ng metabolismo. Sa pamamagitan ng pagsasama ng dalawang teknolohiyang pang-scan, mas makasisisgurado ang mga manggagamot na makita at matukoy ang kasalukuyang cancer sa katawan.

Ang kadalasang rekomendasyon ay ang pagsasagawa ang mas kaunting PET / CT scan habang mas tumatagal ang panahon mula sa operasyong nag-alis ng cancer. Sa pangkalahatan, ang PET / CT ay ginagawa tuwing tatlo hanggang anim na buwan sa unang taon, pagkatapos ay tuwing anim na buwan sa ikalawang taon at pagkatapos noon ay taun-taon habang buhay. Gayunpaman, ang mga rekomendasyong ito ay hindi batay sa pag-aaral at base lamang sa mga opinyon o napagkasunduan ng mga espesyalista. Mas maraming *scan* ang ginagawa kung may mga kahina-hinalang mga natuklasan sa pagsusuri. Gayunpaman, sa pag-iskedyul ng isang PET at / o CT scan, anumang potensyal na benepisyong nakuha ng impormasyon ay dapat na timbangin kasama ng anumang potensyal na mga masamang side effects mula sa pagtapat sa ionizing radiation o X-ray.

Kung minsan ang mga manggagamot ay hindi nangangailangan ng PET scan at humiling lamang ng CT na nakatuon sa lugar na pinag-uusapan. Ang nasabing CT ay maaaring mas ankop at wasto kumpara sa isang pinagsamang PET / CT, maaari ding magineksiyon ng tina sa CT lamang upang tumulong sa pagtuklas ng problema.

Minsan, ang CT ay hindi nakatutulong, lalo na sa mga may dati nang naipagawang pagaayos ng ngipin, kasama na ang mga filling, korona o implant, na maaaring makagambala sa interpretasyon ng data. Sa pamamagitan ng hindi pagsasagawa ng CT, naka-iiwas ang pasyente mula sa pagtanggap ng mataas ng radiation. Sa halip, maaaring MRI na lamang ang ipagawa.

Kapag tinitingnan ang *scan*, inihahambing ng mga *radiologist* ang mga bagong scan gamit ang mga lumang scan upang malaman kung mayroong anumang pagbabago. Maaari itong maging kapaki-pakinabang sa pagtukoy kung may bagong karamdamang kailangang gamutin.

KABANATA #17:
AGARANG LUNAS, PAGSAKLOLO KAPAG TUMIGIL ANG PUSO AT PAGHINGA, AT PAGBIGAY NG ANESTHESIA SA MGA NA-*LARYNGECTOMY*
(Arsenio Claro Cabungcal, MD)

Agarang tulong sa paghinga sa mga na-laryngectomy

Maaaring dumating ang pagkakataong hindi humihinga at tumigil ang pagtibok ng puso ng na-laryngectomy. Kakailanganin nila ng agarang cardiopulmonary resuscitation o CPR. Parte ng CPR ang pagbigay ng hangin at hininga sa pasyente.

Sa pagkakataong kakailanganin tulungan huminga ang pasyenteng na-*laryngectomy*, kailangan alam ng mga *rescuers* at paramedics na na-*laryngectomy* ang pasyente. Mahalaga ito dahil hindi puwedeng sa ilong at bibig sila magbigay ng hanging panglunas. Ang pagbigay-hangin at hininga para sa mga na-laryngectomy ay dapat idaan sa butas sa leeg (*tracheostoma*). Dito rin sa butas sa leeg dapat idaan ang oxygen na kakailanganin nila.

Mga dahilan ng hirap sa paghinga ng mga na-laryngectomy

Ang pinakamadalas na dahilan ng hirap sa paghinga ng mga na-laryngectomy ay ang pagbara sa butas o tubo sa leeg nila. Kadalasang nakababara dito ay matigas na namuong plema. Minsan puwede ring bumara ang maliliit na bagay na maaaring mahigop sa butas sa leeg papasok sa daluyan ng hangin. Sa pagbarang ganito, hindi makakahinga ang pasyente. Bukod pa rito, ang atake sa puso o stroke sa utak ay maaari din magdulot ng hirap sa paghinga o tuluyang pagtigil sa paghinga.

Total Laryngectomy. Ang total laryngectomy ay pagtanggal sa bahagi ng daluyan ng hangin na kung saan naroon ang gawaan ng boses. Kapag ito ay natanggal, mapuputol ang tubong daluyan ng hininga papuntang bibig at ilong. Ang natitirang tubong daluyan ng hininga ay inilalabas sa leeg. Nagkakabutas sa leeg at itong butas na ito ay diretso sa baga upang makahinga. Lahat ng na-*total laryngectomy* ay may butas sa leeg kung saan sila nakakahinga. Madalas nila itong tinatakpan ng tela, panyo o yung mga nabibiling pantakip ng tracheostoma (butas sa leeg). Dahil sa mga ginagamit na pantakip, minsan mahirap malaman agad na na-*laryngectomy* na ang pasyenteng nangangailangan ng agarang lunas sa paghinga. (Fig 1)

Paraan nang pakikipag-usap ng mga na-laryngectomy. Iba't-iba ang mga paraang ginagamit ng mga na-laryngectomy upang makipag-usap (Kabanata 6), kasama na rito ang pagsusulat, pag-galaw ng labi nang walang tunog, *sign language,* at ang tatlong metodo ng pananalita: *esophageal speech, voice prosthesis,* at *electronic larynx.* Ang tatlong paraang nabanggit ay humahalili sa *vibration* na ginagawa ng vocal cords sa isa pang source, habang ginagawa ng dila at labi ang pagbigkas ng mga salita.

Paghahanda sa pag rescue para matulungan makahinga ang pasyenteng na-laryngectomy. Ang mga hakbang ay ang sumusunod:

1. Alamin kung may malay ang pasyente o wala.
2. Tumawag ng tulong o *emergency medical services*
3. Ihiga ang pasyente nang nakataas ang balikat at nakaliyad ang ulo para makitang mabuti ang butas sa leeg
4. Alisin lahat ng nakaharang sa butas sa leeg, gaya ng tela, na maaaring maging balakid sa butas.
5. Alisin ang anumang nakabara sa butas ng leeg
6. Alisin ang mga sipong nakabara sa butas ng leeg at daluyan ng hangin

Kung may voice prosthesis na nakakabit sa pasyente, hindi ito kelangan galawin o tanggalin, maliban na lang kung ito ay natanggal sa pagkakakabit at bumabara sa daluyan ng hangin.

Maaaring lagyan ng tubong panghinga sa butas sa leeg para makatulong sa paghinga ng pasyente kung kinakailangan. At ikakabit itong tubo sa pambomba o sa makinang tumutulong sa paghinga.

Tandaan na ang na-laryngectomy na pasyente ay nakakahinga lamang sa butas sa leeg niya. Dito dapat siya bigyan ng hangin at oxygen. Hindi sila puwedeng bigyan ng hangin o tulong sa paghinga sa kanilang ilong at bibig. Hindi na sila humihinga sa ilong at bibig.

Sa mga emergency rescuers, alam nila dapat makita ang pasyenteng na-laryngectomy at sa butas ng leeg na humihinga, hindi sa bibig at ilong. Dito sa butas sa leeg nila dapat tulungan ang pasyente huminga. Dito din nila dapat idaan ang oxygen na ibibigay sa pasyente.

Paano masiguradong tama ang ibinibigay na agarang lunas sa mga na-laryngectomy

1. Pagsusuot ng kwintas o *bracelet* na nakasaad na na-laryngectomy sila at sa butas sa leeg sila humihinga, hindi sa ilong at bibig. Nakasaad din na maaaring hindi sila nakakasalita kung wala silang *voice prosthesis, electronic larynx* o *esophageal speech training*.
2. Laging pagdadala ng listahan ng mga gamot na kasalukuyang iniinom nila, pangalan ng mga doktor nila, at numero ng teleponong matatawagan sa panahon ng *emergency*.
3. Paninigurong nasabihang mabuti ang *emergency rescuer* na sa butas sa leeg humihinga ang pasyente

Puwedeng mapanuod ang video ng pagbigay ng agarang lunas para sa mga na-laryngectomy na hindi makahinga sa internet:
http://www.youtube.com/watch?v=YE-n8cgl77Q

Kung magpapa-opera sa ibang bahagi ng katawan ang pasyenteng na-
laryngectomy

Bago magpa-opera, tulad ng *colonoscopy* (pagsilip sa bituka) o *appendectomy*
(pagtatanggal ng *appendix*), kailangang alam ng anesthesiologist na sa butas
ng leeg humihinga ang pasyenteng na-*laryngectomy*. At, kung may voice
prosthesis, kailangan alam din ito ng anesthesiologist at hindi dapat ito
galawin. Hindi lang dapat and anesthesiologist ang nakakaalam nito, pati na
ang siruhano at mga nars na mag-aasikaso sa pasyente. Maaaring makatulong
ang bidyong ito na maaaring mapanood sa Youtube:
http://www.youtube.com/watch?v=YE-n8cgl77Q

Kung ang gagawing operasyon sa na-laryngectomy na pasyente ay local
anesthesia lamang, importanteng alam ng surgeon na iba ang paraan ng
pasyenteng magsalita (voice prosthesis, electrolarynx o esophageal speech).
Kung minsan hindi makakapagsalita ang pasyente at kumpas lang ng kamay
ang nagagawa niya para ipaalam sa siruhanong kulang na ang pampamanhid at
nasasaktan na siya. Mahalagang pag-usapan ito ng pasyente at siruhano bago
magsimula ang operasyon ginagawang gamit ng local anesthesia lamang.

KABANATA # 18:
PAGLALAKBAY BILANG ISANG LARYNGECTOMEE
(Jacob Matubis, MD)

Ang paglalakbay bilang laryngectomee ay maraming hamon dahil sa pag-aalaga sa kanilang hingahan sa mga di-pamilyar na mga lugar. Kailangan ang pagpapaplano nang maaga upang ang mga kailangang gamit ay dala at handa.

Ang pag-aalaga sa hingahan habang nakasakay sa eroplano

Maraming hamon sa pagsakay sa eroplano, lalo na kapag mahaba ang biyahe. Maaaring magkaroon ng *deep vein thrombosis* (DVT) o pagbabara ng mga ugat, na dulot ng kakulangan ng dami ng tubig sa katawan (dahil sa mababang *moisture* sa cabin air at mataas na paglipad ng eroplano), mababang *oxygen pressure* sa loob ng eroplano, at ang 'di pagkilos o paggalaw ng pasahero. Ang mga ito ay maaaring magdulot ng blood clot sa mga paa, at kapag ito ay mawala sa puwesto, maaari itong umikot sa sirkulasyon ng dugo. Ito ay maaaring magtungo sa mga baga at magdulot ng *pulmonary embolism*, isang seryosong komplikasyon at isang medikal na *emergency*.

Dagdag pa rito, ang kakulangan ng hamog sa hangin ay nakatutuyo ng trachea at maaaring magdulot ng pamumuo ng plema sa daanan ng hangin. Ang mga *attendants* sa eroplano ay kadalasang hindi marunong magbigay ng hangin (airway) sa isang *laryngectomee*; kung saan dapat ang hangin ay patungo sa stoma o butas sa leeg at hindi sa ilong o bibig.

Ito ang mga pamamaraan upang makaiwas sa potensiyal na problema sa pagbibiyahe:
- Uminom ng 'di kukulang sa walong onsa ng tubig kada dalawang oras sa eroplano, kahit habang naghihintay pa lamang

- Iwasan ang pag-inom ng alak o anumang inuming may caffeine (gaya ng kape, tsaa, *softdrinks*), dahil nakapagpapaihi ang mga ito at nakababawas sa tubig sa katawan.
- Magsuot ng komportable at maluwang na damit
- Huwag umupo nang naka-de-kuwatro upang hindi mabawasan ang daloy ng dugo sa mga paa
- Magsuot ng *compression socks*
- Kapag mas mataas ang panganib na magka-DVT, itanong sa doktor kung kailangang uminom ng aspirin bago lumipad upang maiwasan ang pagampat ng dugo
- Magehersisyo ng mga paa, tumayo o maglakad habang nasa eroplano.
- Pumili ng upuang malapit sa exit o sa daanan upang magkaroon ng malaking espasyo para sa mga paa
- Magkomunika sa mga flight attendants sa pamamagitan ng pagsulat kapag malakas ang ingay sa eroplano at mahirap magsalita
- Madalas na maglagay ng *saline solution* sa butas ng leeg upang maging basa ang daanan ng hangin
- Ilagay ang kagamitang medikal, gamit sa pangangalaga ng butas ng leeg at electronic larynx sa parte ng bit-bit na bagaheng madaling maabot. Ang mga ito ay pinahihintulotang dalhin bilang kagamitang medikal.
- Takpan ang butas ng leeg gamit ng *heat and moisture exchanger* (HME) o basang panyo upang di manuyo ang daanan ng hangin
- Ipaalam sa *flight attendant* na ikaw ay isang laryngectomee.

Makatutulong ang mga pamamaraang ito upang gawing madali at ligtas ang paglalakbay ng mga laryngectomees at ibang neck breathers.

Anu-ano ang mga dapat dahalhin kapag naglalakbay?

Kapag naglalakbay kailangang dalhin ang mga kagamitan at gamot sa loob ng isang *dedicated bag*. Huwag i-*check-in* upang madaling magamit.

Ang mga bagay na dapat nasa loob ng dedicated bag:

- Listahan o buod ng mga gamot na palaging iniinom, *diagnosis* ng sakit, mga pangalan at numero ng mga doktor, *referral* sa isang *speech and language pathologist* (SLP), at reseta ng mga gamot.
- Katibayan ng medikal at *dental* na *insurance*
- Supply ng mga gamot
- Tissue paper
- *Tweezers*, salamin, *flashlight* at batterya
- Pang-kuha ng blood pressure (kapag may alta presyon)
- *Saline bullets*
- Kagamitan sa paglagay ng HME *housing* (alkohol, *Remove, Skin tag, glue*)
- *Supply* ng HMEs at housing nito
- *Electronic larynx* at dagdag na baterya nito. Kahit na may *voice prosthesis*, ito ay makakatulong kapag ikaw ay hindi makapagsalita
- *Voice amplifier*, dagdag na baterya o *battery charger*

Ang mga taong may voice prosthesis ay dapat magdala din ng mga ito:
- Isang *brush* at *flushing bulb* sa paglinis *ng tracheoesophageal voice prosthesis*
- Isang pang *hands free HME* at *extra voice prosthesis*
- Isang pulang *Foley catheter* (panglagay sa butas ng voice prosthesis kapag natanggal ito

Ang dami ng mga kagamitan ay depende sa haba ng biyahe. Makatutulong ang pagdala ng *contact information* ng mga *speech and language pathologist* (SLP) at mga doktor sa lugar na pupuntahan.

Paghanda ng isang kit na may mahalangang impormasyon at kagamitan

Ang mga laryngectomees ay maaaring mangailangan ng emergency or di emergency na pangangalagang medikal sa isang ospital o ibang lugar.

Sapagkat mahirap ang pakikipagusap at pagbibigay ng impormasyong medikal, lalo na sa sakuna, mahalagang mayroong *folder* na naglalaman ng mga ito. Importante ding magkaroon ng isang kit na may mga kagamitang magbibigay ng kakayahan sa isang laryngectomee na magsalita at alagaan ang kanilang butas sa leeg. Itong *kit* ay dapat madaling abutin kapag nagkaroon ng *emergency*.

Ang *kit* ay dapat mayroon ng mga ito:

- Kasalukuyang buod ng *medical* at *surgical history*, mga *allergy* at *diagnoses*
- Kasalukuyang listahan ng mga gamot, at mga resulta ng lahat ng mga *procedures, xrays, scan* at *laboratory tests*. Maaaring ilagay ang mga ito sa isang *disc* o USB *flash drive*.
- Impormasyon at katibayan ng *medical insurance*
- Impormasyon (phone, email, address) ng mga doktor, SLP, mga kamag-anak at kaibigan
- Isang drawing ng side view ng leeg na nagpapakita ng *anatomy* ng daanan ng hangin ng laryngetomee at kung kailangan, ang kinalalagayan ng *voice prosthesis*
- Papel at lapis/*ball pen*
- *Electronic larynx* at dagdag na baterya (kahit na sa mga mayroong voice prosthesis)
- Isang kahon ng *tissue paper*.
- Supply ng *saline bullets, HME filters, HME housing* at kagamitan sa pag-apply at pagtanggal ng mga ito (alkohol, *Remove TM, Skin-Tcg TM, glue*); at sa paglinis ng *voice prosthesis* (*brush, flushing bulb*)
- *Tweezers*, salamin, *flash light* at dagdag na baterya.

Lubhang napakahalagang mayroon ng mga gamit na ito sa regular na pag-aalaga o sa panahon ng sakuna.